父母学校书系
PARENTS' SCHOOL
美好家庭 科学教育

万墨轩图书
WIPUB BOOKS

A Guide for Teens
and Young Adults Exploring Gender Identity

The Gender Quest Workbook
性别探索之旅
年轻人的性别认同探索指南

[美] 赖兰·杰伊·特斯塔　德博拉·库尔哈特　杰米·佩塔 著
马茜 译

RYLAN JAY TESTA
DEBORAH COOLHART
JAYME PETA

江西教育出版社
JIANGXI EDUCATION PUBLISHING HOUSE

著作权合同登记：图字 14-2017-0363

图书在版编目（CIP）数据

性别探索之旅：年轻人的性别认同探索指南 /（美）赖兰·杰伊·特斯塔（Rylan Jay Testa）,（美）德博拉·库尔哈特（Deborah Coolhart）,（美）杰米·佩塔（Jayme Peta）著；马茜译.-- 南昌：江西教育出版社，2018.8

（父母学校书系）

ISBN 978-7-5392-9461-2

Ⅰ. ①性… Ⅱ. ①赖… ②德… ③杰… ④马… Ⅲ. ①性别差异心理学－指南 Ⅳ. ①B844-62

中国版本图书馆 CIP 数据核字(2017)第 123301 号

版权声明

THE GENDER QUEST WORKBOOK: A GUIDE FOR TEENS AND YOUNG ADULTS EXPLORING GENDER IDENTITY

By RYLAN JAY TESTA, PHD, DEBORAH COOLHART, PHD AND JAYME PETA, MA
Copyright ©2015 BY RYLAN JAY TESTA, DEBORAH COOLHART, AND JAYME PETA
This edition arranged with NEW HARBINGER PUBLICATIONS through BIG APPLE AGENCY, INC., LABUAN, MALAYSIA.
Simplified Chinese edition copyright © 2018 Jiangxi Education Publishing House Co., Ltd
All rights reserved.

性别探索之旅
——年轻人的性别认同探索指南

XINGBIE TANSUO ZHILÜ——NIANQINGREN DE XINGBIE RENTONG TANSUO ZHINAN

［美］赖兰·杰伊·特斯塔　德博拉·库尔哈特　杰米·佩塔/著　马茜/译

江西教育出版社出版
(南昌市抚河北路 291 号　邮编：330008)
各地新华书店经销
江西省和平印务有限公司印刷
880 毫米×1230 毫米　32 开本　7.25 印张　字数 102 千字
2018 年 8 月第 1 版　2018 年 8 月第 1 次印刷
ISBN 978-7-5392-9461-2
定价：32.00 元

赣教版图书如有印装质量问题，请联系我社调换　电话：0791-86710427
投稿邮箱：JXJYCBS@163.com　　电话：0791-86705643
网址：http://www.jxeph.com

赣版权登字-02-2017-480

出版说明

家庭是社会的基本组成部分，也是人生的第一所学校。据《中国教育报》2017年12月14日报道，中国目前有3亿多未成年人家庭。在当下这样一个经济全球化、社会信息化与价值多元化的世界里，我们面对的挑战都是空前的；特别是技术发展的脚步如此之快，几乎每个人都能在时代的车轮声中本能地感受到威胁。在这种大环境下，父母们面对的挑战也是空前的，除了传统的教育问题，一些具有时代特征的教育问题也困扰着众多家庭：

如何开发孩子的智力？面对爱挑食的孩子我们该怎么办？孩子注意力不集中父母该怎么办？现代儿童和青少年要承受来自家庭、学校及同龄人的重重压力，身为父母的我们如何才能帮助孩子掌握压力管理的技能、情绪管理的方法，提高自我调节的能力，让他们健康快乐地成长？青春期的孩子有哪些特点、烦恼，身为父母的我们该如何帮助他们？什么时候和怎么样对孩子进行性教育？到底该不该在孩子未成年时就把他们送到国外去学习？发光的屏幕科技对孩子的大脑发育有哪些影响，我们该如何帮助孩子戒掉屏瘾？……

不仅是子女教育问题，还有家庭关系、夫妻关系等诸多问题也困扰和冲击着人们焦虑不安的心灵。迅速变化的社会，带来越来越多的不确定性，这就要求现代人特别是为人父母者需要不断地学习。

家庭教育最终要走向自我教育。家长通过自我教育，维系好夫妻感情，营造出和谐的亲人关系，其乐融融的家庭环境，这是教育好孩子的一个基本前提；如果通过学习能在脑科学、认知科学、发展心理学和教育学等科学的基础上做到真正的科学养育，那么就可以养育出身心健康的孩子，并为孩子未来的良好发展打好基础。

我们希望通过出版国内外专家学者的关于家庭建设、婚姻经营、亲子教育方面的书籍，为父母读者们带来一些启发，并在一定程度上提供有益的指导，帮助父母们更好地进行自我教育，于是我们精心策划了这套"父母学校书系"。书系将甄选国内外心理学、神经科学、教育学、认知科学等领域的权威专家和学者之图书作品，在这些作品中他们将与读者分享其多年的研究成果，以及经过实践检验行之有效的方法。希望这套书能成为父母自我教育的参考书，也提醒父母们在为孩子提供"面向未来的教育"的同时，为人父母者能起到表率作用：拥抱这个变化的时代，与时俱进；与孩子一起不断学习，共同成长。

编　者

2018年5月

将此书献给开始探索性别的人们，你们的勇气、创造力和视野将会改变全世界对性别的理解，为跨性别者和性别广泛者开创美好未来。

目 录
contents

001　前言 / *Foreword*
005　致谢 / *Acknowledgments*
007　简介与概要 / *Introduction and Outline*

001　第 1 章　性别认同 / *Gender Identity*
029　第 2 章　性别表达 / *Gender Expression*
067　第 3 章　家人 / *Family*
087　第 4 章　学校和职场 / *School and Work*
107　第 5 章　朋友和其他同龄人 / *Friends and Other Peers*
123　第 6 章　约会和性爱 / *Dating and Sex*
151　第 7 章　平衡身份认同的多个方面 / *Balancing Multiple Identities*
173　第 8 章　应对难题 / *Dealing With the Hard Stuff*

201　总结 / *Conclusion*
203　后记 / *Afterword*

前言

3岁左右，我对性别有了第一印象，并且知道怎样做能让自己感觉舒适。当时我赤脚站在室外泳池旁边发烫的水泥地上，看着我的爸爸和哥哥。他们正准备跳入湛蓝的泳池中，两人都没有穿上衣，只穿着短小的泳裤。看着他们的身体消失在飞溅的水花中，我伸手掀起我的两件式泳衣的上衣，把它脱了下来。我意识到我应该穿着泳裤；我意识到我应该像爸爸和哥哥一样。在那个年龄，我还不知道男孩的身体和女孩的身体有什么区别。随着我的"超人"系列收藏品的不断积累，包括人偶、杯子、沙滩浴巾、风筝和涂色书，我开始意识到我与周围的男孩子是不一样的。我的身体是女孩的身体，人们因此而对我抱有的期望也不同于我对自己的期望。

少年时期，来自外界的信息与我内在的感知混在一起，让我感到非常困惑。除了对自己的性别感到困惑外，我对能够吸引我的人也感到非常困惑。我喜欢男孩子，也同他们约会过，但是与此同时，我发现自己对女孩子的爱慕越来越明显。我感到既孤独又害怕，决定不与任何人诉说自己的感受。我把所有困惑都闷在自己心里，导致自己与家人和朋友越来越疏远。

上大学时，我开始探索自己的性别。刚开始，我在日记中写下一些自己作为男孩的感受，随后，我开始在速写本中把自己画成男孩。25岁时，我在书店找到一本有关跨性别男性的书，于是"跨性别"（transgender）一词便成了我的写照。我不再偷偷地思考、画画，而是向治疗师和朋友们敞开心扉，开始了从女性向男性的转变。

回首过往，我有时会想，如果我有机会在更早的时候开始思考自己的性别，那么我的人生会是怎样的呢。所以，这本指南让我倍感欣慰。

欢迎加入这场探索之旅，探索你自己的性别。在书中，你会发现，为了弄清楚是什么塑造了你，有很多东西需要探索！比如哪些与性别有关的因素使你成为了现在的你，哪些性别之外的因素决定了你的性格、兴趣和自我。

这本指南为你提供了一个私人空间，帮助你从内到外全面探索自身。你不需要找到所有问题的答案，也不必要求自己在初次读完本书时解开所有困惑。因为你可以根据自己的需要，多次阅读这本书。我作为一名跨性别男性和职业性别演说家，发现多数人都受益于没有完全放弃探索自我，即使作为成年人，我们也还在继续从性别和身份认同的其他方面了解自己。

本书的部分内容可能会让你有些害怕。当你探索自己的身份，然后发现你对自己的认同与家人、朋友或老师对你的认同不一样时，你也许会感到困惑或害怕。除此之外，还可能产生其他情绪，包括愤怒、沮丧和悲伤。我鼓励你正视这些感受，不要尝试逃避，不要让它们击垮你。这些感受的出现是正常的，而且是非常重要的。

在你进行性别探索时，你要知道你是坚强的，你并不孤独，你的身边有人爱你。如果现阶段的你正在忍受欺侮或孤独，那么这本书可以帮助你确定哪些家人、朋友、老师或专家是值得信任的。人生中的每一步，无论好坏，都是值得的，因为每一步都会使你更了解自己为何与众不同——是什么塑造了你。

——瑞安·K. 萨兰斯 文学硕士（Ryan K. Sallans, M.A.）

跨性别演说家、教育者、作者

著有《次子：向我的命运、爱与生活过渡》

(Second Son: Transitioning Toward My Destiny, Love and Life)

内布拉斯加州奥马哈市（Omaha, NE）

致 谢

感谢以下组织和个人对我们的支持和帮助：帕洛阿尔托大学（Palo Alto University）LGBTQ[①]证据性应用研究中心，性别光谱组织[②]青少年协会，珍妮弗·奥尔特维恩博士（Jennifer Orthwein, PhD），科尔顿·乔·迈耶博士（Colton Keo-Meier, PhD）和沙恩·希尔博士（Shane Hill, PhD）。

——所有作者

我个人非常感谢彼得·戈德布卢姆博士（Dr. Peter Goldblum），他给了我无可替代的指导。感谢我的家人和朋友一直以来对我的鼓励和支持，特别要感谢我的父母，他们超出了我的所有期望，给予我无条件的真挚的爱，鼓舞我，为我树立了榜样。

——赖兰·杰伊·特斯塔

[①] LGBTQ："Lesbian, Gay, Bisexual, Transgender, Queer"的缩写，即"女同性恋者、男同性恋者、双性恋者、跨性别者和对其性别认同感到疑惑的人"。
[②] 性别光谱组织：Gender Spectrum，一家位于美国旧金山湾区（San Francisco Bay Area）的非营利性组织，致力于为非常规性别青少年和跨性别青少年创造性别敏感和性别包容的环境。

我要感谢我的妹妹杰茜（Jessy）和雪城大学（Syracuse University）婚姻家庭治疗项目的全体支持者和工作人员。还要感谢我的所有客户，能与他们合作是我的荣幸，他们扩展了性别的概念、对性别提出质疑并转变了性别；他们向我展示了勇气，鼓励我以具有创造性的新方式看待世界。

——德博拉·库尔哈特

我要感谢金伯莉·鲍尔萨姆博士（Dr. Kimberly Balsam），我的家人尼古拉（Nicolai）、丹尼克斯（Denix）、费利克斯（Felix）和我的父母，他们坚定不移的支持、指导和鼓励对我来说意味着一切。

——杰米·佩塔

简介与概要

祝贺你有兴趣和勇气打开这本书,你即将开启一段激动人心的自我发现之旅,即"性别探索之旅"!

你可能会问:"'性别探索'是什么意思?"

且听我们为你介绍更多内容,然后你再决定是否要加入这场探险。

首先,进行"性别探索"的意义是什么?

我们从小接受过许多关于性别的教导,比如什么是男性,什么是女性,男女各应该如何思考、如何感受,行为举止应该怎样。但是,大多数人了解到的只是冰山一角。

多数人都有一种感觉:这些知识并不能充分解释我们的性别。有些人可能还会提出一些疑问,比如:

我的性别是什么?

究竟什么是性别?

如果我感觉自己的性别与他人所认为的不一样，那该怎么办？

如果我的性别与身体不匹配该怎么办？

"性别探索"的意义就是帮助你回答这些问题。

本书适用于哪些人？

本书的目标读者是想要探索自身性别或了解性别概念的青少年和年轻人。这些人应该具有以下几个特性：

- 对自身的性别认同（gender identity）有疑问
- 想要探索表达性别的不同方式
- 虽然非常肯定自身的性别，但是对于如何在家里、学校、职场或各种关系中表现自己的性别有疑问
- 考虑做出改变以更好地适应自己的性别
- 虽然不愿做出任何改变，但是已准备好勇敢地踏上性别探索之旅

然而，本书的目标读者并不局限于具有以上特征的人，如果你关心或想要进一步理解那些颠覆了大众的性别认知的人，那么书中的部分内容对你也是有帮助的。

谁创作了这本书?

本书的作者们,有的经历过性别探索,有的帮助他人进行过性别探索。我们发现,探索之旅虽然困难重重,充满挑战,但是有趣且具有启发性。我们想尝试,把自己发现的有用信息传递给其他勇于开启性别探索之旅的人。

性别探索分为哪几个不同的方面?

每个人都有自己的理解性别的方式,你可能会发现本书的某些章节对你非常有帮助,而其他章节则不那么重要。

因此,我们先简要介绍每一章的基本内容,方便你选择性地深入阅读:

第 1 章　性别认同

　　探索性别的定义,帮助你更好地理解个人性别意识的发展

第 2 章　性别表达

　　介绍世界上多种多样的性别,帮助你思考和选择表达性别的不同方式。

第 3 章　家庭

　　探索如何使家庭理解和接受自己的性别。

第 4 章　学校和职场

讨论如何维护自己，获取支持，在学校和职场应对一些常见的有关性别的难题。

第 5 章　朋友与其他同龄人

探索如何与朋友、同学和同事谈论性别。

第 6 章　约会和性爱

讨论性认同、爱情认同、约会和性爱。

第 7 章　平衡身份认同的多个方面

探索身份认同的多个方面（道德、社会经济、宗教等）的结合如何使我们成为独特且完整的人。

第 8 章　应对难题

如何应对性别探索中出现的让人有压力的难题。

在探索性别的过程中，我们可以做很多很酷的事情，却不能在书中一一道来。

针对临床医生的补充指南

本书还可用作临床资料，供治疗师和咨询师参考，帮助在性别认同或表达上遇到问题、面临矛盾或挑战的人。

最后我们想说，你不必独自进行性别探索。有时，与同伴一起探险会更有趣。如果有朋友或其他值得信任的人与你一起阅读此书,那很好;如果有治疗师、咨询师或一个你信任的人与你一起携手前行,那就好极了。如果你的身边没有这些人,那也不用担心,因为我们会一直陪你走完这段旅程!

Chapter 1
第 1 章

性别认同

"性别"究竟是什么？

这是一个非常复杂的问题，然而，我们可以简单地回答：性别既是你表达男子气概、女子气质或（对于多数人来说）两种气质的混合的方式，也是你的身份认同或自我意识与男子气概和女子气质相关联的方式。性别可以由发型、穿着、声音甚至爱好来体现。在笔者看来，性别认同的种类与人类的数量一样多，可选项是无限的。即使表面看起来完全适应了自身性别的人，也可能不太明确属于某种性别意味着什么，而弄明白这个意义的过程正是性别探索。

对于多数人来说，性别是一个令人困惑的话题。多年以来，本书作者们回答过许多问题，例如：

- "性别"（gender）与"性"（sex）有什么区别？
- 性别是一直存在的概念吗？未来也会一直存在吗？
- 如果我移居木星，在那里也会有性别概念吗？
- 所有动物都有性别吗？
- 一共有多少种性别？
- 人的性别会随着时间改变吗？
- 性别是由教养方式决定的，还是由基因或大脑决定的？

在下面的横线上写下你对于性别的疑问。不要害羞，在这里写下你能想到的任何问题。

_____

_____

_____

_____

_____

_____

这些问题的答案都不简单，探索性别是非常复杂同时也很有趣的。

"性别"与"性"的区别

在美国的主流文化中,"性别"通常等同于"性"。即使人们能够感觉到两个词语表义不同,也说不清如何不同。

"性"

"性"这个词本身很微妙,一般有两种完全不同的意思。"性"可用来表示:

1. 身体间的亲密接触(即"床笫之欢")
2. "雄性"(male)、"雌性"(female)或"雌雄间性"(intersex)(即有关"生殖器官")。

人们通常认为第 2 种含义——表示"雄性"、"雌性"或"雌雄间性"与"性别"的含义一致。实际上并非如此!"性"与"性别"是完全不同的概念!

更多有关"性"的解释

许多人认为,包括人类在内的所有哺乳动物均是天生分为两种性别——雄性和雌性,而且很容易归类。许多小孩了解到

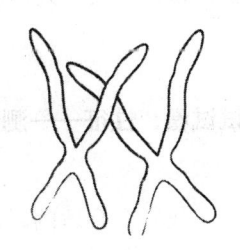

的知识是：雄性与雌性之间的区别在于是否有阴茎或阴道。等长大一些学了生物课之后，他们会认为两性的区别在于性染色体（基因的一部分）。我们受到的教育是：雄性性染色体为 XY，雌性性染色体为 XX。请注意，不管谈论的是生殖器还是染色体，我们都只有两种选择——雄性或雌性。

只有少数人被告知了"性"的真相——人并不是生来就恰好可以被归于"雄性"和"雌性"这两种类别。事实上，许多健康的婴儿与生俱来的生殖器并不能明确表示他（她）是"雄性"还是"雌性"（即"间性婴儿"），一些人的性染色体既不是 XY 也不是 XX（如：XXY），也有人的基因与生殖器不相"匹配"（例如：性染色体为 XY 的人却拥有阴道），通常，连非间性的人也会表现出一些在他人看来不符合其性别的特点。成长过程中，人类身体会分泌荷尔蒙，并开始出现"第二性征"，如脸部和身体长出毛发、声音变得低沉、乳房发育、骨盆变宽或肌肉逐渐发达。人们通常认为，胡须是"雄性独有特征"，乳房是"雌性独有特征"。但是实际上，许多有阴茎的人也会发育出乳房组织，许多有阴道的人也会长出胡须。这些都是自然现象，只不过并没有被人们熟知而已。

试试看：性征——测测你对性的看法

找一个合适的时间、地点，开始观察周围的人。可以是走在街上的人，正在购物的人，或在户外游玩的人；不能是电视节目或电影中的人，因为他们通常都是经过挑选，并且为了节目效果悉心妆扮过的。至少要观察 15 个现实生活中的女性和 15 个现实生活中的男性，然后再回答以下问题：

在你观察到的人里，是否有一些女性的身体上出现了通常属于雄性的生物学特征？比如：手臂上有粗壮的肌肉、声音低沉、臀部瘦削、面部长有胡须等。写下你发现的特征：

_____

_____

_____

_____

在你观察到的人里，是否有一些男性的身体上出现了通常属于雌性的特征？比如：身高低于大多数男性、面部或身体表面毛发稀少或没有、音调较高、骨盆较宽、有乳房组织等。写下你发现的特征：

_____

_____

_____

你是否会用好、不好、美、帅或丑来评价这些特征？我们多数人都被告知：男性具有雄性特征是好的，女性具有雄性特征就是不好的；同样，女性具有雌性特征是好的，男性具有雌性特征就是不好的。事实上，正是这类观念导致有些人不遗余力地脱毛、增加毛发、切除乳房、丰乳、增肌、减肥，付出的所有时间和金钱都是为了使自己的外表特征更匹配自身的性别。

在你认识的人中，是否有人这样做？你是否做过以上某种尝试？如果有，请写下具体内容：

_____

_____

_____

_____

总之，"性"与生物学有关。根据你写下的内容，你也许可以明白，"性"并不能划分为界限分明的两类。"性"是一个生物学概念，用来界定一个人在多大程度上属于雄性、雌性、双性、既非雄性也非雌性或介于雌雄之间。

"性别"

"性别"完全不同于"性"。性别代表的不是"腿间之物",而是"耳间之物",即大脑。换句话说,性别代表你对自身的看法和感觉,以及你表现或表达自己的方式。我们不能用生物学来判断一个人的性别。说到某人的性别时,我们通常不会说这个人是"雄性"或"雌性",而是用"男人/男孩"或"女人/女孩"来表示。许多人认为,如果一个人有阴茎,那么这个人就一定是男人或男孩。这种判断并不正确。如果一个人出生时带有阴茎,医生会说:"是个男孩!"但是实际上,医生是说这个婴儿是"雄性"。

你应该如何判断自己是男孩、女孩,还是其他性别呢?

如果一个人性别无法单纯用眼睛看出来,那么你要如何来判断呢?

下面,我们来解答一道谜题:

魔术师错把一个女孩的阴道变成了阴茎,这个女孩会突然变成男孩吗?

不会!她仍然会认为自己是个女孩,是一个长了阴茎的女孩。

另一道谜题:

如果一个男孩打赌输了,他要承受的惩罚是,今后的穿着和行为都要"像个女孩",那么他会变成女孩吗?

不会!他依然是个男孩,是一个穿着和行为都"像个女孩"的男孩。

如上所述,性别不仅与你对自身的想法和感受(即"性别认同")有关,而且还与你表现或表达自身的方式(即"性别表达")有关。

性别认同

由于人们对自身的性别有各种各样的想法和感受,所以人们的性别认同也是各种各样的,包括男人、女人、跨性别男性(transgender man)、跨性别女性(transgender woman)、性别酷儿(genderqueer)、双性别者(bigender)、两魂人(Two-Spirit),或一些独特且有创意的类别,比如"性别普锐斯"(gender Prius)、"性别奥利奥"(gender Oreo)或"性别漩涡"(gender swirl)。

以下是一些比较常见的性别认同的定义:

无性别者(Agender):认同自己无性别的人。

阴阳人(Androgynous):既有男性特征又有女性特征的人,也可指其性别很难从视觉上判断的人。

双性别者(Bigender):一些人用该词表示自己可以在不同的背景下转换性别。比如一个人在做焊接工作时表现得非常男性化,却喜欢穿着高跟鞋和短裙去酒吧。

顺性别者（Cisgender）：指性别认同和性别表达与其生物性征完美匹配的人。这类人的外表和行为符合社会文化对于"男人"或"女人"的预期。也称作"标准性别者"（gender normative）。

变装者（Cross-Dresser）：指在特定场合中，穿着、妆容、发型等符合另一种性别的人。虽然这种认同有时会被归为"跨性别者"一类，但是很多变装者并不是跨性别者。有些人穿着异性服装是为了达到表演效果，比如"变装皇后"（drag queens）和"变装国王"（drag kings）。人们通常用"易装癖者"（transvestite）一词来指变装者，这个词是带有冒犯性的。

女跨男或跨性别男性（Female to Male, FTM, F2M）：指出生性别为女性，后社交、身体发生转变，以男性身份生活的人。这些人中，有的称自己为"跨男"（trans man），因为听起来不那么像个患者。

多样性别者或性别广泛者（Gender Diverse, Gender Expansive）：这类人的性别不符合社会对其性别的预期。比起"性别变异者"（gender variant），他们更喜欢被称为"多样性别者"，因为前者暗指性别不与社会预期保持一致的人都是"不正常的"。

流性人（Gender Fluid）：这类人对自身的性别意识是在不断转换和变更的，他们不认为自己的性别认同是"固定的"。

非常规性别者（Gender Nonconforming）：这类人的性别不符

合社会基于其出生时的性征而对其抱有的预期。类似于"多样性别者"或"性别广泛者"。

性别酷儿（Genderqueer）：这类人对自身性别的感知既不是"雄性"也不是"雌性"，而是介于两者之间。

男跨女或跨性别女性（Male to Female）：指出生性别为男性，但是社交、身体发生转变以女性身份生活的人。这些人中，有的称自己为"跨女"（trans woman），因为这个词听起来不那么像个患者。

出生时的性别（Natal Sex, Natal Gender）：指出生时被指定的性别，还可称为"出生性别"。"出生性别"（birth sex, birth gender）比"生物性别"（biological sex）更受欢迎，因为对于多数跨性别者来说，通过摄入荷尔蒙、接受手术和其他转变方式，许多"生物特征"也会发生变化。"基因性别"（genetic sex）也是不恰当的说法，因为几乎没有人会去检测自己的基因是否发生了变异，从而导致性别的变化。

泛性别者（Pangender）：他们接受所有性别，不同意只有"男""女"两种性别的说法。

跨性女（Transfeminine）：指出生性别为男性，现在符合跨性别者的特征，而且更偏向性别光谱中的"女性"端。

跨性别者（Transgender）：适用于所有当下性别认同不符合社会预期的人，无论是否已选择在身体或社交方面进行转变。尽管"跨性别者"经常与"女同性恋者""男同性恋者"和"双性恋者"一同使用(比如LGBT),但跨性别者是一种性别认同,不是一种性取向!

跨性男(Transmasculine):指出生性别为女性,现在符合跨性别者的特征,而且更偏向性别光谱中的"男性"端。

两魂人(Two-Spirit):特指生活在北美原住民文化中的人,美洲的原住民文化多种多样,每种文化都对性别有不同的理解。然而,一些美洲原住民常用"两魂人"统称外部性别特征或性别认同有别于"男性"或"女性"的人。

性别表达

性别表达同样不能简单分为两类。性别表达是人们展示自我的方式,包括如何行动、如何穿着、如何言谈。在美国主流文化中,人们往往认为某些行为和性格特征是"男性化的",比如摔跤和坚定;另一些行为和性格特征是"女性化的",比如化妆和为人体贴。事实上,不管属于哪一种性别认同,人们总是兼有男性化和女性化的行为与性格特征。因此,谢天谢地,在理想的情况下,所有人都可以既坚定自信又温柔体贴!然而,从整体上看一个人的所有行为,人们会发现,这些行为总是更靠近"男性化"或"女性化"。

试试看：性别表达

挑选两名家庭成员和两位朋友，根据你自己的判断，在下面的性别表达标尺上给每个人做记号——女性化还是男性化？注意，可以同时在两个标尺上标记最高值或最低值。

家庭成员 1：_____

女性化：

●─────────────────────────────●
0   100

男性化：

●─────────────────────────────●
0   100

家庭成员 2：_____

女性化：

●─────────────────────────────●
0   100

男性化：

●─────────────────────────────●
0   100

朋友 1：_____

女性化：

0 —————————————————— 100

男性化：

0 —————————————————— 100

朋友 2：_____

女性化：

0 —————————————————— 100

男性化：

0 —————————————————— 100

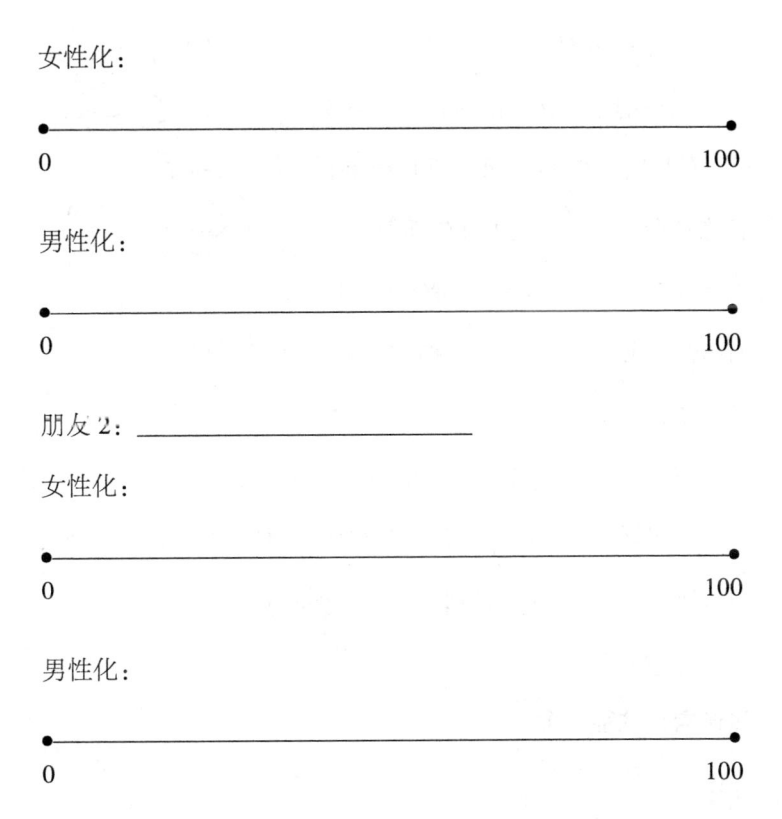

摆脱刻板的性别观念

　　我们在前面也说了，我们都被传授过一些关于性别的信息，比如：性别有多少种，某种性别的人应该具有什么样的外表和行为举止。当每个人都接收到相同的信息时，这些信息似乎就成了事实。但是，当我们看到一些人的实际表现，得知他们的真实经历之后，我们开始意识到，他人灌输给我们的性别观念并不是以事实为基础的。我们意识到……我们被洗脑了！

糟糕的是，这种洗脑真的会中断我们的性别探索过程。如果我们继续相信陈旧的知识，相信世上只有两种性别，相信所有女性都应该漂亮、有礼貌，所有男性都应该强壮、霸气，那么，就没有什么可以探索了。想了解性别的真相，那必须想办法摆脱刻板的性别观念。

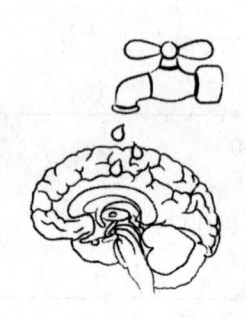

好在我们已经找到了办法。首先对已经接收的信息进行探索，然后仔细研究不符合这些信息的例子。这种做法会使我们慢慢形成自己独立的、更切实的性别观念。你可以从下面的练习开始。

试试看：性别观念

首先，请对你的性别观念进行测试。在上个练习中，你对自己的家人和朋友进行了评估，你把他们的行为和性格特征归为"男性化"或"女性化"的根据是什么？你的性别观念是否来自周边的人和环境？关于"男性化"和"女性化"，你接受了哪些信息，请写下来：

_____

_____

_____

根据这些信息，你对"男性化"的印象是什么？在下面画出你脑中出现的形象：

根据这些信息，你对"女性化"的印象是什么？在下面画出你脑中出现的形象：

如前所述，美国主流文化不仅对男性化和女性化进行了明确的区分，而且还告诉我们：雌性＝女性＝女性化，雄性＝男性＝男性化。把人的性别分为两类是一种简单粗暴的理解：把"雄性"、"男性"和"男性化"装在同一个盒子里，置于性别光谱的一端；把"雌性"、"女性"和"女性化"装在同一个盒子里置于另一端。

因为我们已经对这样的分类习以为常，所以当我们意识到这些"盒子"并不存在时，我们会感到震惊！而事实上，许多实例都表明，人们对性别有多种完全不同的理解。

比如：许多美洲原住民部落有三种或三种以上的性别认同，许多美洲原住民既不认同自己是男性，也不认同自己是女性，他们自称为"两魂人"。两魂人通常在其部落中担任特殊角色，称为萨满[1]。世界各地的历史中还有许多案例打破了性别二分法，包括泰国的人妖（Katoey, ladyboy）、中东的萨尔兹克鲁姆[2]、印度的海吉拉[3]、萨摩亚的法法恩[4]、南美洲的特拉韦斯提斯[5]、阿尔巴尼亚的伯恩尼莎[6]、墨西哥南部的缪克斯[7]。

试试看：历史上的性别

以上的例子只是粗略的介绍，现在请你亲自对这个话题进行探索。上网查询是一个简单的入门方式，尝试搜索上面提到的例子，

---

[1] 萨满（shaman）：据信能和善恶神灵沟通，能治病的人。
[2] 萨尔兹克鲁姆（Salzikrum）：直译为"男性女儿"（daughter-men），指出生性别为女性但有明显男性特征的人。根据《汉谟拉比法典》（The Code of Hammurabi），萨尔兹克鲁姆可以与其他女性结婚，可继承其父亲的部分财产，不同于一般的女儿。
[3] 海吉拉（Hijra）：一个社会群体，在文化上既不属于女性也不属于男性，或者说是由男性变为女性（穿女性服装，采用女性的行为）的跨性别者。
[4] 法法恩（Fa'afafine）：指出生性别为男性，却明显具有男性和女性双重性别特征的人。在萨摩亚，通常情况下，如果一个家庭里的男孩比女孩多，或者没有足够多的女孩做家务，父母就会挑出部分男孩作为法法恩抚养。
[5] 特拉韦斯提斯（Travestis）：指出生性别为男性，但性别认同为女性或跨性女的人。
[6] 伯恩尼莎（Burrnesha）：也被称为"宣誓处女"（sworn virgin），指在阿尔巴尼亚北部的父权社会中，出生性别为女性，通过宣誓保持贞操，并穿着男性服装以男性身份生活的人。
[7] 缪克斯（Muxhe）：也拼作"Muxe"，指出生性别为男性，但穿衣打扮和行为举止都偏向于女性化的人。

或者按主题搜索，比如"第三性别""泰国跨性别者"或"历史上的跨性别者"。查阅不同国家、不同历史时期的案例，美国历史上也存在许多跨性别案例。如果不擅长上网查询，那么我们建议你阅读莱斯利·范伯格（Leslie Feinberg）的《跨性别斗士：开创历史——从贞德到丹尼斯·罗德曼》（*Transgender Warriors: Making History from Joan of Arc to Dennis Rodman*）。即使你很擅长从网上搜集资料，阅读此书也是有必要的。人类历史中曾出现过许许多多挑战性别二分法的人，你只需要去发现他们！

你是否研究过不同文化中存在的第三种、第四种、第五种性别？你发现了什么？

_____

_____

_____

你是否发现了挑战性别二分法的人？发现这些人的故事时，你的感受是什么？

_____

_____

_____

试试看：性别访谈

虽然美国主流文化仍然坚持两种性别论，但是在过去 50 年里，性别角色[①]已经发生了巨大变化。

找一位年龄在 50 岁以上、与你有类似的文化背景与成长环境的女性，问她："在你过去的人生中，女性经历了哪些变化？"然后在下面做记录。如果她不明白你的意思，就问她相比她出生的年代，现在的女性是否可以做不一样的事，穿不一样的衣服，从事不一样的职业，或在家庭中扮演不一样的角色。

_____

_____

_____

再找一名年龄在 50 岁以上、与你有类似的文化背景与成长环境的男性，问他同样的问题（把问题中的"女性"换成"男性"），然后在下面做记录。

[①] 性别角色（gender role）：国内比较全面的定义来自张积家和时蓉华，前者认为性别角色是指个体在自身解剖学、生理学特征的基础上，在一定社会文化的两性规范影响下形成的性格、态度、价值取向和行为上的特征；后者认为性别角色是指属于特定性别的个体在一定的社会和团体中占有的适当位置，及其被社会和团体规定了的行为模式，是由于人们的性别不同而产生的符合于一定社会期望的品质特征，包括男女两性所持的不同态度、人格特征和社会行为模式。

_____

_____

_____

从记录中,你可能会发现,在任何一种文化中,人们对于性别表达的预期一定是随着时间改变的。现在,越来越多人打破社会性别规则,使社会质疑性别二分法的正确性。在美国主流文化中,性别多样性的受关注程度持续影响着人们对性别的理解。我们来听一听走在最前面的人是怎么说的:

我有两个孩子,在他们出生前,我是一名儿科护士。现在的我是一名全职奶爸,我从来没有像现在这样开心过。人们经常议论,认为我们家里的夫妻角色是颠倒的,我们往往对此不以为意。我的妻子是一名企业律师,她非常喜欢自己的工作,而我则非常适应"照料者"的角色。我们对各自的角色很满意,也很重视。

我喜欢自己女性化的一面,也喜欢自己男性化的一面。

对我来说，穿裙子的感觉和奔跑在足球场上的感觉是一样的，都很舒适。

穿女装对我来说是一种解脱。白天，我是帅气的男同性恋，晚上，我是漂亮的"变装皇后"。我很适应自己的男性身份，并不想变成女人，但我就是喜欢当"变装皇后"。

我父母说，还是个小"女孩"的时候，我就已经开始拒绝布娃娃，很不喜欢粉色，只穿男孩子的衣服。因此，当7岁的我宣称自己是个男孩的时候，18岁的我选择做变性手术的时候，他们一点都不感到奇怪。

我姐姐说，我很小的时候就喜欢跟着她的朋友们出去玩，上中学时也不和男孩子扎堆。大学时，我意识到自己更喜欢做女人。现在的我是一名漂亮的女性，同时，我喜欢自己动手给汽车换油的感觉。

以上几个人的叙述是否动摇了你以往的性别观念，让你开始脱离被洗脑的状态？如果你发现自己的性别观念变得更复杂、更不明确、更加明确或者正在改变，那么恭喜你！因为这说明你已经开始质疑他人灌输给你的性别观念！

探索你的性别认同

既然已经对性别的定义略有了解，那么下面就开始探索你自己的性别认同吧。

记住，性别认同是内在的，产生自"两耳之间"，与性别表达（外在的，可见的）是两个概念。

如何明确自己的真实性别呢？

性别认同是内在的，这就意味着只有你自己能决定你的性别认同。除了你自己以外，没有人可以控制你的性别认同。虽然对于一些人来说，这是一个能让人放松的好消息；但是，如果你对自己的性别存在疑问，这个消息也可能让你沮丧甚至害怕，你可能觉得要凭一己之力找到答案是很困难的。幸好，你不必独自探索，我们会帮助你！

是否可以通过测验得出答案呢？

有些人希望存在这样一个测验，其结果可以让他们更容易被其他人接受，或者帮助他们减少探索之旅中的困难。虽然这样的测验是不存在的，但是不要担心！我们设计了一些练习，可以帮助你进一步了解自己的性别认同。

试试看：我的性别

为了探索你自己对性别的想法和感受，找一个安全、安静的空间，尽可能诚实地回答下列问题：

你最早的与性别有关的记忆是什么？（比如：我记得我父亲说，"你确定不要蓝色气球？蓝色适合男孩子"；或者，我记得我想像哥哥那样加入童子军，但是父母说我是女孩，所以不能加入。）

_____
_____
_____
_____

是否有人对你说过你的外表或行为像个男孩？或像个女孩？出现这种情况时，你有什么感受？

_____
_____
_____
_____

当人们把你看作男孩或男人时，你会有什么感觉？

（或许，当你设想这些场景时，你的第一感觉是害怕，恐惧感会掩饰其他情绪。所以，如果你感到害怕，把你的这一感受写下来，然后继续记录其他情绪。想象这种情况发生在没有任何危险性和冒犯性的场合下，这样也许会有帮助。）

_____
_____
_____
_____

当人们把你看作女孩或女人时，你会有什么感觉？

_____
_____
_____
_____

当人们认为你的性别既不是女孩（女人）也不是男孩（男人），比如把你看作两性人或两魂人时，你会有什么感觉？

_____

_____

_____

_____

就性别角色而言,哪些人是你的榜样?换句话说,如果在与性别有关的行为或性格特征方面你可以跟某些人一样,你想和哪些人一样?

_____

_____

_____

_____

把一张纸对折,折成一本书的形状,根据你的判断,在"封面"上画出他人眼中的你。现在打开这本"书",在内页画出你眼中的自己,或(和)你想让其他人看到的你。如果你眼中的自己和你想让其他人看见的你是不一样的性别,就把两种形象分别画在内页两侧。最后,看到不同版本的自己,你是什么感受?

_____

_____

_____

_____

浏览下面的例子。哪些经历让你感同身受？请在下面划线。并用删除线划掉与你的经历不同的部分。中性的或不确定的部分既没有下划线也没有删除线。

在我的人生中，我总感觉有些事不对头。有时我看着镜子中的自己，会感觉是在看其他人，因为我在镜子里看到的自己和我感觉中的自己是不一样的。

我喜欢让人吃惊：我要让人们知道，虽然在他们眼里我个女孩子，但是我也喜欢运动；或者让他们知道，虽然在他们眼中我是个"假小子"，但是我也有很多裙子。

当我还是一个小孩子的时候，我从来没有想过自己会是一个跨性别者。当时的我似乎和其他男孩子有相似的喜好，我喜欢运动，喜欢女孩子。直到高中，我才注意到我的体验和其他男孩是不一样的。要描述出我在当时的感受，或者说清楚为什么会有那些感受是很难的，但是我确实意识到自己不是一个男孩。当我说我是一个女性时，我感觉很舒适。我感觉自己一直都是女性，这一点并没有发生太多改变。尽管我还是喜欢运动，还是喜欢女孩。

虽然我花了很多时间去向别人证明我不是男同性恋，但是不管我多么努力，人们总是认为我比其他男孩更女性化，我的父母为此批评过我很多次。

我喜欢当女孩的感觉，我一直都是一个女孩！

我一直讨厌裙子、讨厌布娃娃、讨厌芭比，从来不碰自己的玩具。相反，哥哥的所有玩具我都喜欢。小时候，妈妈经常说我是个"假小子"，还跟爸爸说"长大以后就好了"。然而，他们对我的期望似乎落空了，我从来没有过穿裙子或涂指甲的想法。12岁之前，我没有真正在意过自己到底是男孩还是女孩。12岁之后，我的身体开始发育，而我并不喜欢那些变化。因为发生的事情是我无法控制的，也是我不想要的，所以我很难受。

我从来没有真正觉得自己是个男孩，也不认为自己是个女孩。我想去一个不存在性别的地方，只需要做自己——不是男孩，也不是女孩。

同学总是取笑我，说我"像女孩"。事实上，我确实感觉自己更像女孩而不是男孩，只是很难把自己的想法说出口。

从内到外，我完完全全是个男孩。尽管如此，我真的很喜欢自己被当作女孩抚养的童年。我认为这样的体验可以帮助我更好地理解有关性别的不同的思维。

现在，把以上使你感同身受的经历写在下面：

_____
_____
_____

这些经历对你来说具有代表性吗？需要补充哪些内容？

_____
_____

总结

我们在本章介绍了大量内容，虽然可能一时难以消化，但是你可以随时重温。我们建议你在探索之旅的后期重新阅读本章，观察自己的感受是否发生了变化。现在，花几分钟回顾一下我们到目前为止已经走过的旅程吧。

你从本章中学到了什么,或者你对哪些内容印象最深刻?

_____

_____

_____

你对自身有没有新发现?如果有,是什么?

_____

_____

_____

你的发现带给你怎样的感受?吃惊?困惑?轻松?

_____

_____

_____

你还有哪些疑问?

_____

_____

Chapter 2
第 2 章

性别表达

特约作者：医学博士珍妮弗·黑斯廷斯（Jennifer Hastings, MD）

恭喜你又向前迈进了一步！现在，你比多数人都更了解性别！

目前为止的性别探索都以你的内在感觉为主，你必然会问的下一个问题是：我的内在感觉对于我的外在形象来说意味着什么呢？

正如第 1 章所述，性别表达是人们展示其性别的方式。由于与性别相关的因素无处不在，因此性别表达可以包括走路方式、穿衣方式、说话方式、姿势和发型等等，不计其数。

本章会引导你探索多种性别表达方式，探索他人如何表达性别，以及你想如何表达自己的性别。我们会要求你做一些观察和试验。同前面一样，你可以拒绝任何使你感到不安全或不舒适的要求。同时你要知道，思考和尝试性别表达对于任何人来说，可能都会引起些许不适，但是这并不代表这样的探索是无趣的！

我的性别探索经历

小时候，在被告知应该或不应该怎么穿衣、怎么说话、怎么走路和怎么行动之前，我们往往能够比现在更自由地尝试不同的性别表达方式，比如：穿夸张的裙子，在万圣节穿古怪的服装，用马克笔涂指甲，用手帕遮住半张脸扮牛仔，用毛巾做假发，或者穿父亲的衬衫，戴父亲的领带假装去上班，本书其中一位作者的父亲还把剃须膏涂在孩子的脸上，让他们假装老头子！也许你当时也做过许多类似的事情，这是所有小孩都会经历的正常的自我探索。

试试看：我的性别探索经历

小时候的你尝试过哪些自我表达方式？至少列出三次具体的性别试验经历，在每次经历后面复述你当时的感受，以及如果被别人看到你会有什么样的感受。

年龄 _____

你做了什么 _____

你当时的感受 _____

_____

_____

年龄 _____

你做了什么 _____

你当时的感受 _____

_____

_____

年龄 _____

你做了什么 _____

你当时的感受 _____

_____

_____

年龄 _____

你做了什么 _____

你当时的感受 _____

_____

_____

综合以上实例，现在的你对自己有哪些看法？

_____

_____

_____

观察性别

长大后的你在表达性别时可能会有更多顾虑。比如：如果我那样做，朋友们会怎么想？如果我那样做，我的父母会说什么？其他人会怎么看？那样做安全吗？我有可能那样做吗？

所有类似的疑问都会给你造成压力，有些人甚至想放弃性别探索。

但是，如果你已经走到了这一步，那就说明你具备进行性别探索所需要的条件。我们会帮助你找到既安全又满意的表达方式。

所以，准备好——下一阶段的旅程就要开始了！

就像你小时候做的那样，试验不同的表现方式，这样可以了解如何表达性别会让你感觉最舒适。有些人可能会认为这只涉及到服装或化妆，但是实际上自我表达可以有许许多多的方式——特别是涉及到性别的时候！

试试看：搜索性别

性别在哪里？一旦开始搜索，你就会发现性别无处不在，让我们看看你能找到什么。

在第 1 章中，我们做了人物观察练习，目的是观察他人身上的生物性特征，比如体型或毛发。现在，我们要再做半个小时的人物观察练习，观察他人与性别相关的行为，如：怎样穿衣、梳什么发型、是否化妆或涂指甲，以及他们的身体语言。你可以选择任何人多的地方作为观察场所，包括咖啡馆、街道、学校或商场。（不要忘了偶尔眨眨眼睛放松一下，我们不想害得你眼睛干涩或出现其他问题！）如果你认为长时间待在同一个地方会让人生疑，那就多去几个地方，然后回答下面几个问题：

你观察到了哪些不一样的性别表达？

_____

_____

_____

观察你看到的"女孩"或"女人"，她们的性别表达方式是相同的吗？写下这些人女性化的性别表达方式、男性化的性别表达方式以及中性的性别表达方式：

女性化：
_____
_____

男性化：
_____
_____

中性：
_____
_____

观察你看到的"男孩"或"男人"，他们的性别表达方式是相同的吗？写下这些人女性化的性别表达方式、男性化的性别表达方式以及中性的性别表达方式：

女性化：
_____
_____

男性化：
_____
_____

中性：

_____

_____

完成半个小时的观察以后，回想一下，什么样的性别表达方式是你向往的？本书不会对你的性别认同或性别表达方式做出任何评价，所以请尽量诚实地回答问题。

_____

_____

_____

我们在下面罗列了一些自我表达方式和风格，是我们在不同性别的人身上观察到的。我们是否有所遗漏？如果有，请补充在下面：

- 头发：长发、短发、刺猬头、染色头发、卷发、直发辫子、大背头
- 服装：时髦、保守、印花、领带
- 鞋：靴子、高跟鞋、人字拖、牛皮鞋、网球鞋、平底鞋
- 首饰：耳环、袖扣、穿孔、项链、手表
- 手指甲和脚趾甲：涂了指甲油、没有涂指甲油、长指甲、短指甲
- 香味：果香、麝香、花香
- 化妆：淡妆、浓妆、未化妆

- 眼镜：不戴眼镜、粗框眼镜、太阳镜、装饰眼镜
- 身体语言：大摇大摆、柔弱、自信、轻佻
- _____
- _____
- _____

很多人惊讶地发现，性别表达只是日常生活中的一部分，却可以如此多种多样。你也许见过男人穿印花的衣裳或者戴项链，也可能发现女人留短发或者走路有阳刚之气。只有你自己可以决定你的性别表达。

超越性别，表达自己

我们说性别无处不在，并不意味着一切可见的因素都代表了我们的性别认同！在观察他人的练习中，你一定注意到了，人们的外表可以分为以下几种不同的范围：

随意 _____ 精致

独特 _____ 保守

流行 _____ 传统

中性 _____ 女性化

中性 _____ 男性化

比如，周一早上，一位跨性别女孩穿着牛仔裤和一件色彩斑斓的可爱 T 恤上学，她长发披肩，没有化妆，没有戴首饰，脚上穿着系彩色宽鞋带的运动鞋。她在班里很安静，说话很温柔，同时却很擅长运动，是足球队队员。所以，这个周一早上，我们所看到的她的性别表达可能是：

随意 __×_____ 精致

独特 _____×_____ 保守

流行 _____×_____ 传统

中性 _____×_____ 女性化

中性 __×_____ 男性化

这只是她在某一个周一早上的装扮，如果她换了足球服，或者在家里表现得活泼自信，那上图中的"×"就都得换位置了。请记住，她改变了性别表达方式并不意味着她改变了性别认同。不一样的穿衣方式和讲话方式只能改变一个人的外表，改变不了本质！

试试看：我的表现方式

上学或上班时你通常会如何表现自己？

随意 _____ 精致

独特 _____ 保守

流行 _____ 传统

中性 _____ 女性化

中性 _____ 男性化

在聚会上会如何表现？

随意 _____ 精致

独特 _____ 保守

流行 _____ 传统

中性 _____ 女性化

中性 _____ 男性化

周末在家时如何表现？

随意 _____ 精致

独特 _____ 保守

流行 _____ 传统

中性 _____ 女性化

中性 _____ 男性化

现在我们设想一个场景,在下列场合,不管你穿什么衣服或做什么事情,每个人都会接受你。如果这是真的,你会怎么穿衣服,怎么表现自己?

学校:

___

___

杂货店:

___

___

与你喜欢的人一起吃饭:

___

___

周六下午与朋友外出:

___

___

盛大活动如毕业舞会或婚礼：

_____

_____

_____

体育馆：

_____

_____

_____

徒步旅行或骑车旅行：

_____

_____

_____

想象这些场景时，你的感觉是什么？出现"我倒是想那样做，但是我的朋友……"或者"我妈妈永远都不会让我……"等想法是很自然的，体验害怕、紧张、惊喜、兴奋等复杂感受也是自然的。

从上面选择三个让你耗时最久的场合，填到下面的空格处，然后写出你对每个场合的想法和感受。

在思考应该穿什么衣服去 _____ 的时候，

我想的是：

_____

_____

_____

我的感觉是：

兴奋	幸福	高兴
好奇	吃惊	担心
紧张	生气	渴望
悲伤	沮丧	不高兴
轻松	快乐	尴尬

在思考应该穿什么衣服去 _____ 的时候，我想的是：

_____

_____

_____

我的感觉是：

兴奋	幸福	高兴
好奇	吃惊	担心
紧张	生气	渴望

悲伤	沮丧	不高兴
轻松	快乐	尴尬

在思考应该穿什么衣服去 ＿＿＿＿＿＿＿＿＿＿ 的时候，我想的是：

_____

_____

_____

我的感觉是：

兴奋	幸福	高兴
好奇	吃惊	担心
紧张	生气	渴望
悲伤	沮丧	不高兴
轻松	快乐	尴尬

准备进行性别试验

开始性别试验有多种方式。首先，你需要制定一个计划，决定何时、何地、如何进行试验。如果你想尝试化妆，那么在什么时候化妆会比较合适呢？化完妆之后要见谁？去什么样的地方？

在美国许多地方，如果你通常以女性化的形象出现在别人面前，偶尔穿男士衬衫的你并不会让人觉得反常。如果出生性别为男性却想化妆，那么你可能会得到人们不一样的反应。无论男女，你都可以找到一种安全的实验方式。比如，我们认识的一个人会让他姐姐带他去买化妆品和衣服；有的人刚开始会把女性服装穿在男性服装里面；有的人在向父母坦白之前只在自己的房间偷偷尝试变装；还有的人在准备好告知大家自己的性别认同为"酷儿"之前，会先改穿男性服装，并告诉人们自己是女同性恋。

因为没有人的装扮每天看起来都是一个样子，所以你有许多试验机会！

试试看：计划你的第一次试验

首先，在下面的列表中填写人们进行性别试验时可能会做的事情。从最简单、最安全的事情开始，到确实会让你感到畏惧的事情，按顺序填写。比如：使用女孩的洗发水，喷男人的古龙香水，涂指甲油，戴首饰，打领带，穿短裙，穿假文胸，穿男士内衣，束胸，往裤子里塞东西，用睫毛膏涂鬓角，剪头发。你可以尝试以上这些例子，也可以制定你自己的计划。

> **备注：** 实际上，我们并不是要求你去做你列出来的事情，而是想让你看到更多的可能性，以及你有多大可能去做这些事情。由你决定在什么时候做什么事情对你来说是合适的。

承受范围	我可能会做的事
1（简单的）	_____
2	_____
3	_____
4	_____
5（让我畏惧，但是我会努力去做。）	_____
6	_____
7	_____
8	_____
9	_____
10（非常可怕！）	_____

现在从 1—4 中挑选出 1 项。

针对所选项，回答下表中的问题，把答案填写在表格中。

问题	示例答案	示例答案	你的答案
你的试验内容是什么？	穿男士衬衫，让发型更男性化	化妆	
你在哪儿做试验？	在知道情况的朋友家里	趁父母外出时在自己的房间里	
进行试验需要什么材料或信息（如果有的话）？	一件男士的衬衫和一把梳子	化妆品和化妆指南	
如何得到这些材料或信息？	我有一把梳子，会去旧货商店买一件衬衫	在药妆店买，上网查怎么化妆	
如果有人跟你一起，这个人会是谁？	我的朋友吉尔	没有人	
你需要考虑哪些安全因素？目的是确保自己的舒适感，确保不会有人在你没有准备好的时候公开你的性别认同。	我要让她知道不能把试验的事情告诉任何人，要待在房间里，不要拍照	去远离学校的药店，不要向任何人发照片，要知道怎么卸妆！	
计划试验时间为多长？	1 个小时	20-30 分钟，看有多少时间	

不管是现在还是未来,如果你想做更多的试验,都可以先回答这些问题,你可以自己制作表格。

问题	试验一	试验二	试验三
你的试验内容是什么?			
你在哪儿做试验?			
进行试验需要什么材料或信息(如果有的话)?			
如何得到这些材料或信息?			
如果有人跟你一起,这个人会是谁?			
你需要考虑哪些安全因素?目的是确保自己的舒适感,确保不会有人在你没有准备好的时候公开你的性别认同。			
计划试验时间为多长?			

跳入泳池之前

在进一步进行性别试验之前,我们希望你能联想一下游泳的经历。为什么是游泳呢?!

回想游泳的时候,在跳入池中的前一刻,你会想自己是否真的想跳进水里,除此之外,你还可能考虑什么因素?水有多凉?你有多热或多冷?

现在,想想你是怎么进到水里的,是像"炮弹"一样从跳板上弹进去?还是要磨蹭1个小时才下水?有一点可能是真的:你会先用手或脚趾去感受一下水温。

也就是说,我们希望你开始性别试验的过程可以像"入水"的过程一样。

试试看:试水

考虑你刚刚选择的第一个性别试验。

你有多想立刻"跳进去"?

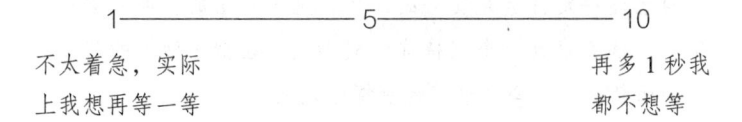

1——————————5——————————10
不太着急,实际　　　　　　　　　　再多1秒我
上我想再等一等　　　　　　　　　　都不想等

是什么原因使你想快速"跳进去"？

_____

_____

_____

是什么原因使你想"慢慢下水"或暂时"待在岸上"？

_____

_____

_____

"水"的情况如何？对于你的试验，你的家人、朋友、同学或同事是什么态度？是赞成并鼓励，还是反感？

```
1——————————5——————————10
非常反感         无人关心          鼓励
```

> **备注：** 有些人会获得"水"的支持，有些人则不会。如果你担心性别试验会给你带来可怕的后果，那么在跳入"冰冷的湖泊"之前，你最好把安全因素考虑清楚。只有你自己能决定什么是安全的，什么是不安全的。如果你不确定，试着找到一个支持你的成年人，在他（她）的帮助下弄清楚如何安全地继续性别探索之旅。

综合考虑！

关于你的第一次试验，请告诉我们你对以下三个因素的想法：你有多想"跳入水中"，什么原因会使你"慢慢下水"，"水"对你有多友好。

示例：我迫不及待地想化妆。这个想法有点吓人，也许我只是想偷偷用一些腮红。我想我的家人可能会被吓到，因此我没准备告诉他们自己的想法。我会暂时保密，直到通过一些试验，弄明白自己真正需要的是什么以后再说。

_____
_____
_____
_____

如果你认为对于你所选择的试验，"水"的态度会非常不友好，或者你真的觉得慢慢来是有必要的，那就尊重自己的想法！即使非常想立刻就"跳进水里"，你还是可以花时间计划一个你已经准备好去做的试验。如果你并没有准备好去做你之前填写的试验内容，那就返回"试试看：计划你的第一次试验"，看看等级表里是否还有更轻松的内容可以选择，然后做完之后的练习，考虑清楚你是否已经准备好进入下一阶段。

游泳吧！

如果你选择了一项试验内容，确定有安全的实施办法，并且已经准备好去完成，那么是时候继续尝试了！

试试看：你的性别试验

首先，回顾你之前做的计划，在真正实施的过程中，有没有需要改变的内容？如果有，没问题，这毕竟是你的试验。

准备好了吗？好，继续，我们等你……

我们在等候你的回音！你的试验进展如何？你的感受如何？你兴奋吗？焦虑吗？开心吗？你的试验是利大于弊吗？还是弊大于利？

_____

_____

_____

_____

你对自己有了哪些了解?

_____
_____
_____

你对别人有了哪些了解?

_____
_____
_____

哪方面进展不错?

_____
_____
_____

在哪些地方,你认为自己应该换一种方法?

_____

_____

_____

_____

下一次你想尝试什么？

_____

_____

_____

下一步是什么？

  你可能已经已经意识到你尝试去做的一些事情其实并不适合你，或者意识到你非常享受你所尝试的内容，更有可能出现的，是喜忧参半的复杂感受。虽然下一步做什么取决于你自己，但是我们仍然建议你去做一些试验，即使你认为你可能并不会喜欢这些试验的内容，因为重点是要尽可能多地了解自己。

  在做试验的过程中，你可能会发现自己希望将一些试验内容融入日常生活中，这也许意味着改变走路的姿势、讲话方式、穿着或其他习惯。你可能会更认真地刮胡子，可能会涂指甲、剪短发、穿紧身的运动内衣或用绑带束胸。对于多数人来说，这些改变都是让人满意并令人兴奋的，因为这些改变代表了他们的真实身份。

> **提示：** 那些已经决定要以不同方式向家人、同学或同事展示自己的人，也会遇到新的问题，比如他人对自己的称呼问题，包括人称代词或名字的变化。如果遇到这些问题，一定要阅读第3、4、5章中的有关内容。

永久性改变

到目前为止，我们讨论的改变都是你可以尝试的，你可以通过尝试来确定你自己是否喜欢某一项具体的改变。通过做试验，你可以了解自己面对改变会如何反应，了解以不同的性别表达向他人展示自己是一种什么样的体验。

你的身体还可以发生永久性的变化，有些人（但不是所有人）认为，这些变化会使人开心、健康。有人称这些变化为"性别确认程序"（gender-affirming procedures）、"医疗干预"（medical interventions）或"性改变程序"（sex change procedures）。

决定是否、如何以及何时进行永久改变，需要周全的考虑、详尽的计划和充足的时间。比如，你需要考虑的事情包括：

- 这种改变将对我的安全造成哪些影响？
- 我能承受这种改变吗？
- 这种改变将对我的人际关系造成哪些影响？
- 在我的人生中，现在是把改变落实的最佳时机吗？
- 这种改变会对我的精神健康造成怎样的影响？
- 这种改变会对我的学习或工作造成影响吗？
- 这种改变会对我的身体健康造成哪些影响？

这些问题的重要性是不言自明的。因此，多数人都不会独自决定或快速决定。事实上，以往的医疗指南指出，要获得更多医疗干预，你"必须"与心理医生沟通，此后至少要等一年才可以进行永久性改变。因为这些规则不适用于每个人，并且还冒犯或伤害了一些人，所以现在的指南稍有不同。现在，人们不必专门咨询心理医生或等待一整年就可以实现"一部分"永久性改变。尽管如此，我们仍然认为在决定接受永久性改变之前，与你信任的人进行交流，听取他们的意见，在思考与计划上多花一些时间是极有帮助的。

也就是说，我们认为你有权利获得尽可能多的信息，了解你可以通过哪些选择来改变自己的性别表达。因此，我们在下面提供了一些基本信息。

针对青春期之前的人

荷尔蒙或青春期"阻断剂"

青春期由一系列身体变化组成,这些变化分阶段发生在童年与成年之间,叫作"唐纳分期"(Tanner Stages)。有时医生会给年轻人开药,阻止雄性或雌性荷尔蒙的分泌,抵抗青春期的身体发育。比如,给一个有卵巢的人(出生性别为女性)注射荷尔蒙阻断剂,这个人的身体就不会长出乳房或宽大的骨盆,也不会有经期。给一个有睾丸的人(出生性别为男性)注射荷尔蒙阻断剂,这个人就不会长出胡子和健硕的肌肉,也不会有高大的身材或低沉的嗓音。医生有时会给还未经历青春期或青春期尚未结束的跨性别者开这些药物,防止他们的身体发生与其性别认同不匹配的变化。荷尔蒙或青春期阻断剂通常在青春期刚开始时,或"唐纳分期"的第二个阶段由医生开出。青春期阻断剂可以注射到肌肉中、皮肤下,或者植入体内一两年时间。在美国,青春期阻断剂是非常昂贵的药物,很少能够通过医疗保险报销。

如果你已经进入了青春期,那么下面这些图片可以帮助你了解自己处于青春期的哪个阶段。你是否能在下面的图表中找到你的身体所处的阶段?如果你正处于第二阶段(Ⅱ),那么你可以要求专业医师为你开适用于跨性别青少年的青春期阻断剂。如果你已经处于第四(Ⅳ)或第五(Ⅴ)阶段,那么青春期阻断剂虽然不能消除已经出现的身体变化,但是仍然可以有效防止青春期身体的进一步发育。

具有卵巢的身体				具有睾丸的身体			
唐纳分期	典型年龄段	外生殖器发育	乳房发育	唐纳分期	典型年龄段	外生殖器发育	睾丸大小（mL）
I	<10			I	<9		3
II	10-11.5			II	9-11		4
III	11.5-13			III	11-12.5		10
IV	13-15			IV	12.5-14		16
V	15+			V	14+		25

原图来自 M.Komorniczak(http://creativecommons.org/licenses/by-sa/3.0/deed.en)

原图来自 M.Komorniczak(http://creativecommons.org/licenses/by-sa/3.0/deed.en)

针对青春期之后的人

使外表更加女性化：

脱毛：一些希望自己的外表更加女性化的人会通过电蚀（永久性）或热蜡（暂时性）去除面部和身体表面的毛发。这些方法风险小，也不用开刀动手术。（但是会很疼！）

"女性化荷尔蒙"：有几种不同的荷尔蒙可以共同发挥"女性化荷尔蒙"的作用。"女性化荷尔蒙"不仅可以软化皮肤、重新分配脂肪、刺激乳房的生长，还可以缩小睾丸、终止体毛生长、减少肌肉量。有一些人反映他们接受过这些荷

雌激素

尔蒙之后，情绪更容易波动，其他人则没有类似的体验。这些荷尔蒙不能消除面部的毛发或者让你说话的声音变尖，如果停止摄入，某些变化就会消失，另一些变化——如乳房生长则是永久性的。最重要的是：如果摄入"女性化荷尔蒙"，你可能会失去部分或全部生殖能力。也就是说，使他人怀孕的能力会减弱。尽管如此，你决不能依靠"女性化荷尔蒙"避孕，因为在注射荷尔蒙期间让对方怀孕的情况也是发生过的。

生殖器手术：一些人热衷于通过手术改造生殖器。你可能听说过"变性手术"（sex changing operation）或"性别重置手术"（gender reassignment surgery），塑造阴道的手术叫作"阴道成形术"（vaginoplasty）。虽然这类手术通常能够成功地按照预期效果改变一个人的外生殖器，但是任何手术都有高风险，而且这些手术的费用都很昂贵，术后康复时间也很长。

整形手术：要达到使面部和身体更加女性化的目的，还需要经历其他过程，如丰胸或缩小喉结。

使外表更加男性化：

男性荷尔蒙：睾丸素是主要的男性荷尔蒙，摄入睾丸素的人通常会肌肉增多，面部和身体表面长出毛发，声音变得更低沉。身体脂肪的分配也会发生变化，月经停止，

睾丸素

阴蒂变大。睾丸素不会使一个人的乳房消失，也不会使某人长出阴茎。如果摄入睾丸素，你可能会失去一部分生育能力，也就是说，你的受孕能力会减弱。然而，这也不是绝对的，因此你决不能依靠睾丸素进行避孕。在实施性行为时，要采取保护措施（避孕），因为在摄入睾丸素期间怀孕会影响胎儿的发育。一些跨性别男性在停止摄入睾丸素后仍然可以健康怀孕。

胸部手术：一些人选择通过手术塑造更男性化的胸部，这类手术可被称为"胸部重塑手术"（chest reconstruction surgery）、"上身手术"（top surgery）或"胸部手术"（chest surgery）。虽然这些手术通常能够成功地按照预期效果改变一个人的外表，但是手术留下的可见疤痕是永久性的。而且这种手术价格昂贵，术后康复时间很长。

生殖器手术：有些人选择通过手术使生殖器更加男性化。这类手术被称为"下身手术"（bottom surgery）或"生殖器重塑手术"（genital reconstruction surgery）。不同的手术会达到不一样的效果，也带有不一样的副作用。虽然现有的手术还不能塑造出外观和功能与真实阴茎完全相同的阴茎，但是一些手术可以拉长生殖器，使其看起来更像真实的阴茎，而且（或者）可以让人在站立状态下小便。另外，如上文所述，任何手术都有高风险，而且这些手术非常昂贵，术后康复时间很长。

针对正在考虑接受医疗干预的人

"医疗干预"是一个热门话题,许多年轻人在发现自身性别与同龄人所认为的不同的时候,都会认为医疗干预是他们的唯一选择。我们不同意这个观点,与我们合作过的许多年轻人都发现,在没有任何医疗干预的情况下,他们的性别认同和性别表达仍然可以完美结合!荷尔蒙的摄入或其他医疗手段的干预并不会让你更像"真正的"男人或女人。让我们听听下面这些人的故事:

露西娅是一个 18 岁的"女孩",上大学后,她发现自己更喜欢男性化的性别表达。她开始与其他有相同感受、已经慢慢改变了自己的人称并摄入荷尔蒙的人交流。她认为这些人的选择也是她需要做的,直到她在橄榄球队遇到一位被认为是"花花公子"的女人。她意识到,爱好体育运动、穿男性化服装、与女人约会,并不意味着她需要通过摄入荷尔蒙或接受手术来做自己。于是,她继续以更加男性化的方式打扮自己。

杰克的出生性别为女性,却始终像个"假小子"。一天,杰克发现了什么是跨性别者。他进行了多次试验,并与治疗师和他的家人进行了交流,之后改变了驾驶证上的名字和性别。刚开始，他认为自己也许可以通过摄入睾丸素来增加肌肉，可是作为一名歌手，他不想改变自己的声音，他也不确定自己是否真的想要胡子。他认为也许有一天他会选择去做上身手术，现在的他还支付不起手术费用，只能穿运动内衣使胸部看起来小一些。他的多数朋友都能够接受他作为男性的身份，这让他感觉很好。

确实有人发现要想得到让自己满意的舒适感，摄入荷尔蒙或接受手术是必要的。对于这些人来说，决定自己需要哪种医疗干预、在什么时候接受干预以及如何实现计划是十分重要的。选择任何一种干预，都要考虑与其相关的一系列因素，包括成本、风险、效果、康复时间、外科医生或其他医疗干预提供者的选择等。随着医生们不断开发与跨性别者——尤其是跨性别青少年合作的新方案，可采用的干预是在不断发展变化的。因此，我们强烈建议每一个考虑医疗干预的人认真研究所有最新选择，咨询擅长提供这些干预的医师和外科医生，以及帮助跨性别者解决困惑的治疗师。

试试看：你的身体，你的性别

我们需要了解很多信息，才知道自己的哪些性别表达是可以永久改变的。许多人面对多种选择，不确定哪一种最适合他们。因此，我们有必要完成更多的性别探索。

想象自己拥有理想的身体。这具身体看起来是什么样的？请把它画出来，或者制作一幅拼贴画（可以从杂志或报纸上剪图片，或者使用打印出来的网络图片）。

你现在的身体与你梦想的身体不一样吗？我们打赌你的回答是肯定的。我们为什么会知道呢？因为你在读这本书？不是！实际上是因为在这个世界上，几乎每个人都希望在某种程度上改变自己的身体，比如改变体重、身高、鼻子的大小、肤色、发色、发量、牙齿的整齐程度等等。

以上身体特征中，有些与性别有关，有些与性别无关。有些特征的改变是永久性的，有些不是。有些特征是可以改变的，有些是不可以改变的。

回顾你的画像或拼贴画，你现在的身体要怎么变化才能接近梦想的身体？

_____

_____

看到上面列出的内容时,你有什么感受?

_____

_____

_____

虽然梦想是美好的,但是当梦想中的改变看似遥不可及或肯定无法实现时,我们就会悲伤、沮丧、泄气或产生其他不愉快的情绪。当你有体验到这些感受时,请记住你不是孤独的,本书的所有作者都和你有过相同的感受。我们现在都是快乐而健康的人,我们知道你也会与我们一样。

现在进行下一步:在第一个问题的答案中,圈出与性别表达有关的永久性改变。也许你根本不需要动笔——因为没有圈可画,也许你会把所有内容都圈起来。

如果你确实圈出了一些内容,那么请继续阅读本章。如果没有圈出任何内容,那么你可以怀着好奇心继续阅读本章剩下的内容,也可以直接阅读第 3 章。

如果你正在考虑接受永久性改变，那么你应该做什么

如果你已经意识到自己确实对一些永久性改变充满渴望，那么你应该怎么做呢？

这是一个大问题，答案会很长：

首先我们强烈建议，任何考虑接受医疗干预的人，都应该去咨询帮助过跨性别青少年和性别广泛青少年的专业医疗人士。他们可以为你提供最新的可靠的医疗信息（这些信息是网上查不到的），介绍适合你的干预方法。如果你不认识所在地的专业人士，而且不知道从哪儿开始找，那么请查阅我们在前言里提到的在线资源列表。

我们还建议，如果有可能，请咨询受过专业培训、知道如何与跨性别青少年和性别广泛青少年合作的治疗师。这样的治疗师不仅能够有效帮助你全面分析不同选择的利弊和风险，还能帮你获得更多医疗干预。同样，如果你不认识所在地的治疗师，而且不知道从哪儿开始找，那么请查阅本书网站上的资源列表。

最后，我们认为你最好针对自己感兴趣的选择，搜集一些相关信息。你可以通过多种途径搜集信息，最常见的是网站、书籍、电影，你还可以咨询其他跨性别者。但是，在搜集信息的同时要牢记以下几点：

- 许多谬见和谣言夸大或歪曲了荷尔蒙和手术的效果！换句话说，许多人所相信的"真实的"说法其实都是不实的。

- 每个人的经历都有所不同。

- 有些人可能会鼓励你，甚至迫使你注射荷尔蒙或接受手术。虽然他们或许是出于好意，但是你绝对不能按照他人对你的期望做决定！毕竟，你的身体里装的是你自己，而不是他们。

- 可能会有人试图欺骗或欺诈你。比如，他们会说不需要医生开处方，服用他们推销的一些药草或营养品就能实现理想的效果。如果你对他们的话信以为真，你失去的将不只是金钱，还有健康。

- 有些人会告诉你不需要处方就能帮你弄到荷尔蒙。虽然听起来是挺诱人的，但是千万不要被诱惑。荷尔蒙的功效是复杂且强大的，定期接受专业医生的治疗才能确保剂量的正确性。荷尔蒙的摄入对身体有副作用，会影响身体健康，对于身体状况不佳的人来说是危险的。和上面提到的药草与营养品一样，从网上购买的荷尔蒙也可能掺入了其他化学品，非常危险，甚至有可能根本不含有你想要的荷尔蒙。

最后说明

说到荷尔蒙或手术等永久性改变方式时,许多医生、治疗师和父母都希望青少年可以等到至少18岁时再做决定。然而,在那些真正需要改变的人看来,等待是残忍的!

如果你是一个会因为等待而抓狂的人,那么可能要考虑以下几点:

- 确实有一些医生希望尽早让青少年接受医疗干预。然而,对于那些获得父母支持、有足够的金钱或保险来支付医疗费用的年轻人来说,医疗干预只是一个可选项,他们并不急着做决定。

- 你并不是孤独的等待者,我们在前面说过,多数跨性别者都要等待很长时间才能实现永久性改变,直到最近,这个状况才开始有所改善。因此,你需要利用第8章中的技能让自己保持强大,成功度过艰难的等待期。

- 获取支持。结识与你有相同经历的人可以让等待的过程变得轻松一些,你可以通过地方或网络上的支持组织找到这样的人。

- 同时,你可以计划一下如何实现目标。比如,一些人做了预算，算清了要为手术准备多少钱，其他人则会研究不同的选择。当时机到来时，他们就已经做好准备，可以采取行动了。

- 当你在等待时机的同时，医生们正在完善的干预方法。多年来，手术技术不断改进，关于荷尔蒙和变性的信息越来越多。稍作等待，也许会有更好的体验。

- 最后，不管你的身体发生了什么变化，内在的真实身份不会发生任何改变。不管别人怎么看、怎么说，你的性别认同都不会被动摇。

小结

结束本章的内容之后，你也许决定做更多性别试验。我们鼓励你这么做！你可以采取适合你的节奏，甚至可以写日记记录每一次性别试验。每次试验时，都可以参考"试试看：计划你的第一次试验""试试看：试水"和"试试看：你的性别试验"中的问题制定计划。

如果你发现自己还想做一些永久性改变，那么找到一名能帮助你实现目标的医疗者和治疗师是极其重要的。

Chapter 3

第 3 章

家人

进一步探索性别认同和性别表达之后,你会明白,虽然性别是个人的,但是它会影响你的人际关系。

通常,我们与家人之间的关系是最持久、最重要的人际关系(无论友好与否)。提到家人,我们通常是指父母、看护人、兄弟姐妹和其他亲属。最理想的状况是,不管我们的性别认同是什么或性别表达是什么样的,这些人都会爱我们,支持我们。然而,正如性别的实际含义比其标准定义更为复杂,我们与家人的关系也比海报中全家人手拉手呈现出的融洽关系更为复杂。

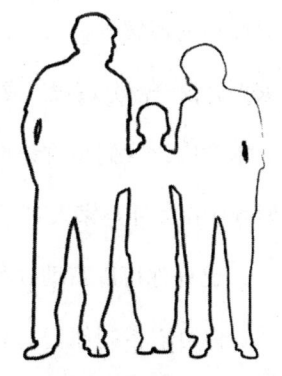

人们通常会发现,相对来说,他们的家人会更支持其身份认同

和自我表达的某些方面，而不是全部。比如：在我们认识的人中，有一个人感觉她自己嗓门大，性格外向，在这一方面与她的家人合不来；还有一个人的父母禁止他带男朋友回家，他们不同意他跟一个男孩约会。

你的性别认同和性别表达与家人的性别认知之间的契合程度，可能会让你产生疑问：我必须跟我的家人讨论性别这件事吗？是否有可能使我的家人理解我的性别？

回答是，你可以不用告诉任何人任何事情，最重要的是，你要为自己做出最好的决定。有些人选择出柜，并把自己的性别认同和对性别的理解告诉家人；其他人则认为时机不对，或者只想跟某个家人讨论一部分情况，或者永远都不会与家人分享自己的性别经历。在本章中，我们将讨论你应该如何做这些决定，以及在想要交流的时候应该如何与家人对话。

也许你可以帮助你的家人更好地理解你的性别，虽然这并不意味着你可以控制他们的想法或感受，但是在这个过程中，你可以用到一些有帮助的资源和策略。在本章中，我们还会探讨更多相关内容。

让家人了解你的性别

有些人会选择用出柜的方式把真相告诉其他人。一种情况是，自己的性别认同与他人对自己的看法不符；另一种情况是，虽然感觉自己的性别认同与他人对自己的看法一致，但是自己的性别表达需要改变。与家人谈论自己的性别，是性别探索过程中最令人恐惧的经历之一。更准确地说，当你想到要把事实告诉自己的家人时，你的心情是最忐忑的。好比坐过山车——冲下第一个斜坡之前，人们的恐惧感是最强烈的。

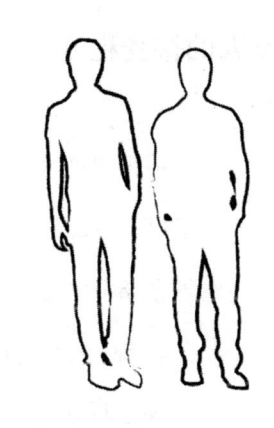

在"过山车"猛冲下去之前，我们担心的是什么？可能是害怕遭到家人的排斥甚至暴力，害怕失去亲密的关系、失去家人对自己的尊重，害怕被父母赶出家门，害怕遭人嘲笑或者被当作疯子。这些害怕都是合理的，我们害怕的事情确实发生在了一些跨性别者和性别广泛者身上。然而，多数人向家人公开自己的性别之后，都没有遭到以上列举的可怕对待。通常，出柜意味着家庭关系需要做一些调整和改变，却不会让你完全失去与家人之间的亲密关系。事实上，家庭关系的改变有时会起到积极作用正面效果，增强一个人在家庭关系中体验到的忠诚度和亲近感。

我们已经了解了所有家人可能会出现的反应，那么应该怎么判断自己的家人会有怎样的反应呢？

家人的接受程度

阿米娜原名拉希德,这些年来,她一直感觉自己与众不同,最近终于明白了自己实际上是一名跨性别者。她想在社交方面转变为女性,但是她的家人不知道她是什么情况,认为她只是有些抑郁,仍然把她看作拉希德。阿米娜还记得小时候穿妈妈的衣服和高跟鞋的经历,她的父母非常明确地对她说男孩子做那样的事情是不正常的。从那以后,阿米娜向父母隐藏了自己的女性化情感和表达。尽管已经过去了很长时间,阿米娜仍然记得父母当时的反应,担心自己跨性别者的身份会使他们的反应更加激烈。

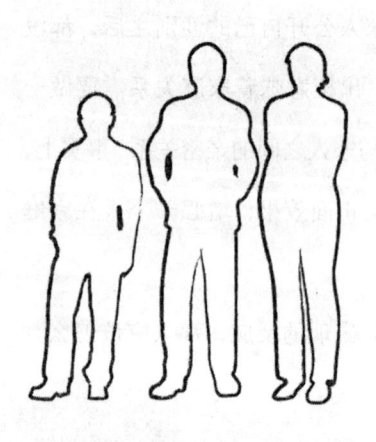

每个家庭都有不同的信仰、价值观和情感经历,当你的家人对你的性别认同和性别表达有所了解之后,这些因素会影响他们是否能够接受或在多大程度上接受你的性别认同。下面让我们来看看你的家人能在多大程度上接

受你的性别吧。也许你觉得自己的家人现在还不能够接受，但是天长日久，这种情况会发生改变。多数人都需要时间去了解、接受并适应不同的性别认同和性别表达，我们在探索性别时会生出许多想法、疑问和复杂的感受，我们的家人同样需要时间去学习和适应。

试试看：家人的态度

请思考并回答下列问题：
首先，在你心中，谁是关系亲密的家人？

_____

_____

_____

即使在同一个家庭中，对于同一件事，不同人也会有完全不同的感受，表现出完全不同的态度。下面我们来看看，对于几个涉及多样性的话题，不同家庭成员会有怎样的感受或态度，比如：种族、宗教、能力和社会阶级。根据你对上面列出的家庭成员的了解，你认为他们在面对上述一些或所有话题的多样性时，分别会做出什么样的反应？

_____

_____

_____

_____

_____

_____

这些家庭成员对 LGBT 人群有过哪些评论？

_____

_____

_____

_____

_____

每位家庭成员对于跨性别者，尤其是性别广泛者都有过哪些评论？

_____

_____

_____

_____

_____

通常不同的家庭成员对于性别多样性的认知程度也是不同的。根据你的判断，写出每一位家人的认知程度。

_____

_____

_____

_____

_____

在性别这个话题上，我们都承受了一些外部压力，这些压力迫使我们以某些方式去思考和行动，我们的家人也是如此！可想而知（因为你自身可能也经历过），不同压力的影响甚至可以让你的家人同时产生完全相反的想法。

一位母亲刚刚得知 17 的女儿认为她自己是个男孩，是一位跨性别者，这位母亲的感受是复杂的。她是一位民主党人士，非裔美国人，同时也是一位浸信会牧师的女儿。性格中自由的一面让她相信人人平等，认为自己应该可以轻松接受孩子的身份。另一方面，因为是由浸信会牧师抚养大的，所以她质疑跨性别者的存在是否是对的，并且相信上帝是不会犯错的。她还担心公开女儿的性别认同后，她的朋友和非裔美国人这个群体会用异样的眼光看待她。她爱自己的孩子，却不能确定自己是否能够接受孩子的真实性别。

根据你对上面列出的家庭成员的了解，请写出哪些不同因素可能影响到了他们对于性别多样性的态度：

_____
_____
_____
_____
_____
_____
_____
_____

以上问题的答案会帮助你了解你的家人对于性别多样性的接受程度。对于多数人来说，家人的态度不完全是消极的，也不完全是积极的，基本上是介于两者之间。

态度、信仰和认知都会随着时间改变。事实上，调查研究表明，我们的想法改变的频率要比我们想象的高得多。你一定认识这样一个人（当然，这个人不是你自己），他（她）在上一周还深深地爱着另一个人，这一周就分手了。我们的想法与感受也是如此，它们比我们想象的更善变。

就家人对于性别多样性的态度而言，善变通常是一件好事。对于多数人来说，知道情况的时间越久，家人就越能接受性别多样性。有时这个过程很曲折——前进两步，后退一步，有时这个过程相当缓慢，有时人们可以非常迅速地改变态度。这个过程是由许多因素决定的，包括你在上面写到的影响因素。

与家人沟通

先说重要的。如果你感觉与家人分享你的性别信息会对你在家庭中的安全造成威胁，那么你可能需要暂时停在原地，进行周密的思考和计划，并与你信得过的成年人交谈。有的时候，立刻出柜并不是一个明智的选择。（你可能会因此承受暴力，陷入无家可归或其他更危险的境地。）因此，一些人决定等待，直到他们长大一些，有了更多自主权之后，再跟家人坦白。其他人则与值得信任的成年人交谈，然后与他们一起制定计划，这样一来，他们可以在出柜的同时确保自己是安全的。你要自己决定应该如何、何时与家人讨论你的性别。

如果你认为你需要进一步考虑再决定如何与家人交流，那么你可能是不确定应该如何开始。出柜是一个与许多不同的人进行交流的过程，针对这个过程，你可能会有疑问：我就不能一次性告诉所有人吗？！事实上，针对不同的家人采取不同的谈话方式也许是更有帮助的。

萨安维考虑了很久，努力思考是否应该告知家人自己的性别认同，以及用什么方式告诉他们。她尤其担心自己的父亲会生气，因为他对于 LGBT 人群似乎没有好感。另一方面，萨安维又认为，向父亲坦诚相告可能会让他们之间的关系变得更亲近。另外，虽然她的父亲很可能会生气，但是他也可能会认真考虑母亲的意见。萨安维的堂兄出柜表明自己是男同性恋时，萨安维的父亲一开始很生气，却在与她的母亲交谈之后平静了下来。萨安维的母亲是支持她堂兄的……所以萨安维想，自己是不是应该先让母亲知道？

试试看：先跟谁说？

请回答下面的问题：
你认为哪一位或哪几位家人最有可能理解你对自身性别的

想法？

_____

哪些家人更有可能把你还未准备好公开的信息告知家里的其他人？

_____

你是否想让某一位或几位家人立刻知道你的性别认同？为什么？

_____
_____

你是否永远不会告知某一位或几位家人你的性别认同？为什么？

_____
_____

回答完这些问题，你应该就能知道应该从哪儿开始了。请记住，并不存在一种标准的与家人交谈的方式。比如，你可以一次告诉一个人你的性别认同，也可以同时告诉所有家人。总之，你应该根据自己的实际情况，选择对自己和家庭关系最有利的方法。

试试看：准备与家人谈论你的性别

如果你想让一些家庭成员了解你的性别认同，那么请针对这些成员中的每一位，分别回答下列问题：

关于你、你的性别认同和你的性别表达，你具体想让这位家人理解哪些信息？

_____
_____
_____

你认为什么样的措辞、语言和表达方式能够最有效地使这位家人明白你的意思？

_____
_____

设想这位家人可能产生哪些顾虑或疑问是对你有帮助的。你认为这位家人可能会担心什么，或对什么感到困惑？

_____
_____

与这位家人交流哪些信息可以消除你在上面写到的担心和困惑？

_____

_____

_____

与家人交流时，最好的情况是什么？

_____

_____

_____

与家人交流时，最糟糕的情况是什么？

_____

_____

_____

在与家人交流，帮助他们更好地理解你的性别时，你可能会觉得你需要把一切都表述得很完美。对于一次交谈来说，这个要求会构成很大的压力。记住，就算你不知道如何回答他们的问题，没有回答好，或者没能清楚地传达你想要他们理解的信息，也没有关系。

你勇敢地开始了性别探索之旅,并不意味着你要成为所有人的性别顾问!你可以告诉对方自己想中断对话,下次再谈。同时,你也可以向家人推荐一些可靠资源,让他们自己去了解,待他们对性别多样性有了一定的认知基础之后,再鼓起勇气与他们交谈。

可能会遇到的障碍

通常,准备向家人坦白其性别的人都只会预测最糟糕的情况,比如遭到排斥、被赶出家门,或者被告知自己是有病或发疯。然而,实际情况通常都不会像想象中那样坏,有些谈话甚至会进行得非常顺利。因此,我们建议你"抱最大的希望,做最坏的打算"。我们一起来想可能会出现哪些困难,这样你就能更顺利地克服前进路上的障碍。

试试看:看向未来

根据你所设想的最糟糕的情况,列出必要时你可以利用的后援(如:朋友、LGBTQ 线下或网络群体、学校的教职工或治疗师):

_____

_____

_____

在最坏的情况下，你能做哪些事情来保证自己的情感安全和身体安全？比如在一封信中或在公共场所公开你的性别认同，或者确定一个公开性别认同之后你可以去的地方。

_____

_____

_____

在物质需求——食物、住所等方面，你对家庭的依赖程度有多大？如果你在短时间内不能从家庭中得到这方面的支持，还有哪些人可以帮助你？

_____

_____

_____

在情感需求方面——自信、希望等，你对家庭的依赖程度有多大？如果某些家人难以接受你的性别认同，你可以向谁寻求支持？

_____

_____

如果把实情告知家人,你的人身安全是否有可能得不到保证?如果是,为了保证自身的安全,你会制定什么样的计划,会向谁寻求支持?

_____

_____

对于多数人来说,家是港湾。由于家人需要时间来理解和适应你告诉他们的信息,因此你有必要先确保自己还可以得到家人以外的人的支持。就算你的家庭完全接受你的性别认同,来自家庭之外的支持也可以成为额外的惊喜!

如果遇到了巨大的挑战,你能怎么做?能向谁寻求支持?

_____

_____

与家人谈论你的性别是需要积极性和勇气的,同时也是值得庆祝的!向家人公开你的性别认同之后,你会以哪些方式进行庆祝(不管是什么方式)?

_____

最后，与进行性别探索之前的你一样，你的家人也接受过同样严格的性别教育。因此，如果你的性别认同不符合他们当前对性别的理解，那么你很可能需要给他们时间去理解和接受。一段时间之后，他们的态度和观念也许就会和他们的最初反应不一致。

也就是说，你要理解，你的家人需要时间。当然，这也不能阻止他们说出一些伤人的话语，或做出一些伤害你的行为！在许多情况下，生活中其他人的支持和一些强大的应对技巧（比如第8章中所提到的技巧），可以帮助你应对还处于早期适应阶段的家人。然而有时候，对家人保持耐心可能会成为错误的决定，但愿你不会遇到这种情况。如果你在家中遭受了暴力对待，那么请你即刻行动，把发生的事情告诉老师、学校辅导员、治疗师、医生或警察——他们会让你的处境更安全。

在家庭关系中表达你的需求

晚饭时间，艾登的母亲在楼下喊道："妮科尔，下楼吃饭！"艾登听到后感觉很不自在。他跟母亲讲过他对于自身性别的感受,他知道,虽然出生时他的身体被人们认为是女孩的身体,但他实际上是个男孩。他的母亲注意到了他的男性化穿着,而且经常鼓励他穿得更女性化一些。艾登的母亲每次评论他的衣着时,都会叫他的女性名字,用女性人称代词称呼他,或者强调他是个多么"漂亮的女孩"。艾登都要抓狂了!他希望母亲能够正视他的真实身份,把他当儿子一样爱,而不是女儿。

我们一直说,家人通常需要时间来了解、适应并用新的方式对待你的性别,但是你必须意识到,你自己的感觉也很重要!

试试看:你需要什么?

当家人还处于适应期的时候,为了让自己感到安全和被重视,你对他们有哪些要求?

_____

_____

谈到性别多样性，我们的家人有时虽然可以接受这个"事实"，但是却难以改变他们的行为，比如使用不同的名字和人称代词称呼我们，或者不对我们的衣着或发型的改变做出消极回应。在适应期间，你的家人在有意无意间做的一些事或说的一些话可能会伤害到你，为了减少伤害，你可以告知你的家人他们的行为会对你造成什么样的影响。比如，如果你告诉他们你每次听到他们叫你的乳名，或用代表出生性别的代词称呼你时，你会有哪些消极的感受，他们就有可能会更加努力地改变自己的行为。如果你发现这类谈话似乎效果不佳，那么家庭治疗师也许可以帮助你。如果有可能，你可以求助于一位与跨性别者和性别广泛者合作过的治疗师，这对你和你的家人都大有帮助。

小结

在向家人坦白你的性别认同这件事上，不管是准备阶段，还是实际行动，都伴随着多种感受，比如：畏缩、激动、

压力重重、惊奇、举步维艰、如临大敌、精疲力竭、如释重负等，还有可能同时体验到以上所有感受。不管你是正在考虑与家人进行交流，还是已经处于与家人交流的某个阶段，你一定要赞赏自己展现出的积极性和勇气！最后，记得求助于生活中那些支持你的人——不管是家庭成员还是家庭之外的人！

Chapter 4
第 4 章

学校和职场

如果你的性别不符合他人的预期，你就会在学校里或职场中遇到一些难题。在校园和职场里，一些性别表达方式与众不同的人会受到欺侮，或遭到歧视。在学校或职场里，你希望如何表达自己的性别？在你思考这个问题的同时，我们来介绍一些可以帮助你克服难题的建议。

为自己发声

去年，阿莉娅选择出柜，向她的养父母表明她是一名跨性别者，并开始从社交上转变为女性。几个月之后她就要进入高中，她想以女孩的身份在新学校生活。虽然她的养父母知道她的想法后并没有表示反对，但是要完全接受阿莉娅的女性性别认同，他们仍然要经过一个艰难的适应过程，他们有时候还会叫阿莉娅的乳名。阿莉娅不知道如何应对学校里会发生的情况，也不觉得她的养父母会帮助她。她面对很多问题，不知道从哪儿开始解决。老师们会叫她阿莉娅吗？她会被同学欺负吗？她应该进男厕所还是女厕所？她应该跟谁说这些事情？

虽然许多人都会担心自己是否能够被同学、老师或同事接受，但并不是每个人都会遇到这些问题。不过，知道如何为自己争取权利总是有好处的。

年轻人和边缘化群体（比如少数民族、残疾人、跨性别者和性别广泛者）要克服许多额外的困难才能使他人听到自己的声音。虽然并不公平，但事实就是如此。首先，如果你不曾或很少有过发表意见的机会，那么为自己辩护就会更加困难。其次，如果你很年轻或属于少数派，那么要让你身边有权力的人（比如学校的管理者或工作中的上司）聆听和尊重你的观点会更加困难。

因此，在维护自己的权利时，有其他人——不管是不是同龄人的支持，是大有帮助的。如果这些人能够转述你说的话，他们就起到了麦克风的作用——能让你的声音更响亮,被更多人听到。

小学、初中、高中

一些青少年发现,父母和看护者能够最有效地帮助他们在学校与其他成年人进行交流。如果你的父母和看护者对你的需求表示支持,并且能够和你站在同一阵营里与学校老师和管理者沟通,那么他人就更有可能听到你的声音。有些年轻人发现他们很难与自己的父母交流,或者发现他们的父母或看护者不能在这方面支持他们。如果你也遇到了这种情况,不要着急!我们还可以用其他办法让他人听到你的声音。

作为年轻人,如果你发现自己确实需要来自家庭之外的支持,那么首先可以看看学校里是否成立了同直联盟(Gay-Straight Alliance,GSA),或其他支持男同性恋、女同性恋、双性恋或跨性别学生的组织。如果你所在的学校有类似组织,那么请你考虑加入。在那里,你可以认识与你有相同情况的同学,并获得他们的支持,而且还能认识帮助成立组织的老师,这位老师可以成为你在学校里可以依靠的重要支持者和信息源。如果你所在的学校没有成立同直联盟或类似组织,那么你可以寻找一位能够理解并支持你的观点的老师或辅导员。注意观察,搜集线索——比如课堂上关于性取向或性别认同的讨论，了解哪位老师或辅导员对性别多样性的态度是友善。如果你在校内找不到任何可以帮助你发声的人，那么你还可以在校外寻找能够支持你的治疗师或组织。你可以在网上搜索所在地区的治疗师和 LGBTQ 青少年中心，尝试与理解你的人建立联系。

大学

如果你是一名校内大学生，那么你也可以通过类似方法寻找资源，认识支持你的同龄人，参加支持你的组织，比如大学生 LGBTQ 组织。另外，你还可以联络所选大学的学生支持服务中心（Student Support Services），你甚至可以在入校之前就这样做。服务中心办公室的工作就是帮助所有学生满足个人需求和特殊需求，学生支持专员可以帮助你推测你可能会在校园遇到哪些有关性别的挑战，同时可以推荐一些帮助你适应大学生活的资源。他们也许还有办法帮助你与其他跨性别者、性别广泛者或 LGBTQ 学生联系，使你在学校有一种集体感。

职场

同样，在职场里找到一个或几个可以帮助你发声的人也是非常有利的。在职场中，监管者和人力资源部的态度对员工的处境具有决定性的影响力。因此，与监管者交流你的需求或忧虑是有帮助的。

如果你的监管者不能或不愿意帮助你,就去跟人力资源部的人员交流。虽然一开始,你可能需要很努力地向监管者或人力资源部的工作人员普及有关跨性别者的知识,但是得到他们的支持对你来说将是一个巨大的优势。一旦这些人在你工作的地方表明了立场,其他员工通常也会与他们保持一致。

然而,我们也不应该忽略来自员工集体的力量。有一些大型企业设立了 LGBTQ 组织,如果你工作的地方也有,那么你就拥有了一项极好的资源。如果你工作的地方没有类似组织,那就在你的同事中寻找潜在同盟。同时考虑与工作环境之外的 LGBTQ 组织取得联系,了解他们的工作开展情况。

试试看:我的支持力量

在学校或工作地点,哪些领导能够并愿意帮助你解决你在这些地方遇到的有关性别的问题?

_____

_____

在学校或工作地之外,哪些人可以帮助你维护自己作为跨性别者的权利?

_____

_____

在学校或工作地，是否有同龄人可以帮助你？

_____

_____

确定哪些人可以帮助你之后，告诉他们你当前的情况，以及你需要或想要他们怎么做。这个过程可能超级简单，也可能非常困难，或者介于两者之间，一切取决于你所找的人是谁。但不管怎么说，提前把你想交流的内容考虑清楚是很有帮助的。在下面的答题线上，写出可能支持你的人的名字。然后回答名字下方的问题，说明哪些重要信息是有必要告知他们的。（如果支持者超过三个人，你可以另附纸张继续填写。）

姓名：_____
你想要怎么做以确保他（她）能够知道你的情况？

_____

_____

你想要或需要他（她）怎么帮助你？（如果你还不确定对方可以怎么帮助你，那么你实际上可能是需要对方和你一起来思考这个问题。）

_____
_____

姓名：_____

你想要怎么做以确保他（她）能够知道你的情况？

_____
_____

你想要或需要他（她）怎么帮助你？

_____
_____

姓名：_____

你想要怎么做以确保他（她）知道你的情况？

_____
_____

你想要或需要他（她）怎么帮助你？

_____
_____

在采取行动维护自己的权利之前，你可以做以下准备工作：

- **做功课**：首先，学习国家和所在行政区的法律法规和政策，以及所在学校或工作地的规则。咨询为职场和学校中的跨性别者和 LGBT 个人提供帮助的组织，搜集与你的权利有关的信息和建议。你还可以了解与你处境相同的学生或员工是如何做的。我们强烈推荐同直联盟网站（https://gsanetwork.org/）。

- **观察你的情绪**：当你不得不把你的想法告诉他人，又不确定这些人是否会真正理解你的需求时，你可能会有防卫意识，会生气或害怕。你对自身情绪的把控能力，会影响你的表达。请尽量保持礼貌、冷静，并把你的需求阐述清楚。

- **把需求具体化**：在与某个可以帮助你的人交流时，知道自己具体需要什么是很重要的。如果你想使用某个卫生间，你要说明理由，并让对方知道有其他处境与你一样的学生或员工因此受益。如果你想让学校或工作地点对类似欺侮或骚扰跨性别者的事件表明立场，那就指出这些行为对你的生活造成了怎样的影响，并说明学校或工作地点的政策和规定可以怎么帮助你。

- **提供信息**：许多人都对跨性别不太了解。你可能需要提供书籍、网站或其他信息给那些想要帮忙但是不知道怎么帮助你的人。

- **保持冷静**：即使是对性别多样性持友善态度的人也可能会因为一时疏忽，用错称呼，问一些在你看来带有冒犯性的问题，或者表现得很无知。保持冷静，专注于你的目标——获得你需要的帮助。

但愿你现在已知道哪些人可以帮助你解决学校或职场中的性别难题，并且知道如何获得支持。记住，你并不是孤独的探索者。

现在，我们来解决一些性别广泛者和跨性别者常在学校或职场中遇到的问题，看看其他人是怎么做的，发现对你有用的方法。

名字和人称代词

当你的性别与出生时医生所确定的出生性别不符时，家人为你取的名字和对你使用的人称代词（比如"他"和"她"），也可能与你内心对性别的感受不一致。许多性别广泛者和跨性别者都会为自己选择更合适的名字和代词。（本节后面的列表中有一些不同语言中的代词可供选择。）如果他人之前一直对你使用其他称呼，那么他们可能很难迅速将其换成你想要的名字或代词，或者很难对你使用违背性别二分法的称呼。然而，即使一开始对

你好
我的名字是

他们来说比较困难，你仍然有权利要求他人按照你选择的方式称呼你，并期望他们会满足你的要求。

在性别探索之旅中，你曾考虑过使用哪个（些）名字？

_____

_____

目前，你更喜欢别人叫你哪个名字？

_____

_____

你是否已要求学校或职场中的他人用这个名字称呼你？如果还没有提出这个要求，那么你准备得如何了？圈出下面与你的感觉最接近的回答：

1	2	3	4	5
完全没有准备好。我不确定我会不会坚持使用这个名字，或者我不那么确定我是否已准备好让别人用这个名字叫我。	我还在犹豫。	不确定，在要求别人使用这个名字这件事上，我的感受很复杂。	差不多了！	完全准备好了！我只会对这个名字作出回应。

下面的表格中列出了英语中的二元性和中性第三人称代词。[1]

性别	主格	宾格	形容词性所有格	名词性所有格	反身代词
女性	She（她）	Her（她）	Her（她的）	Hers（她的）	Herself（她自己）
男性	He（他）	Him（他）	His（他的）	His（他的）	Himself（他自己）
中性	They（TA们）	Them（TA们）	Their（TA们的）	Theirs（TA们的）	Themselves（TA自己）
中性	Ze（TA）	Zir/Hir（TA）	Zir/Hir（TA的）	Zirs/Hirs（TA的）	Zirself/Hirself（TA的）
中性	E（TA）	Em（TA）	Eir（TA的）	Eirs（TA的）	Emself（TA自己）

你认为哪个（些）代词最适合你，能够表示对你的性别认同的尊重？

_____

_____

---

[1] 括号中为英文代词对应的中文代词。和英语不同，在现代汉语中，第三人称代词的读音没有性别差异。书写时，"他"通常指男性，"她"指女性；"他们"既可指男女并存，也指单一的男性群体，"她们"指女性。现在，在不特指男性或女性的情况下，也有人用"他"和"她"的拼音"TA"来表示第三人称，此处的翻译也参考了这个处理办法。在回答后面的问题时，读者可以根据自身所处的语言环境或交谈对象所使用的语言，选择英文和（或）中文代词。

你是否已要求学校或职场中的人使用这些代词称呼你？如果没有，请设想一下，如果你要求他们这么做，他们会有什么反应？

_____

_____

_____

如果你打算要求他人使用不同的名字和代词称呼你，而这些名字和代词与你的法律证件上的信息是不相符的，也是他们不习惯使用的，那么你可以参考本章开头的"为自己发声"这一部分的内容。想想在你所在的学校或工作环境中，哪些人是领导，还有哪些人是你可以确定会帮助你的人。比如，只要你认为有效，就让学校的辅导员告诉其他老师在班里应该怎样称呼你，或者让公司人力资源部的人与你的老板或其他不能用合适的方式称呼你的员工交谈，或者咨询大学教务主任如何在成绩单、学生证或花名册上使用你选定的名字和人称代词。

卫生间、更衣室、校服

德马科上初中时，同龄男孩和女孩之间的界限越来越清楚，他却感觉自己与其他男孩不一样，这种感觉越来越明显，让他深受其扰。过去几个月里，他一直在探索自己的性别，发现自己的许多喜好在他人看来可能是偏女性化的，比如喜欢化妆、喜欢粉色和紫色。尽管如此，他并不觉得自己是一个女孩，他只是想自由地做真实的自己，无论是男性化的一面还是女性化一面，也不管今天的自己和明天的自己有多不一样。开始表达更广泛的性别认同之后，他越来越不适应跟学校的男孩们待在一起的感觉，特别是在卫生间和更衣室里，他有时会担心自己会在这些地方受到欺负。

如果你的出生性别与你的性别认同不一致，那么被迫进入一个忽视你的性别认同的空间，或者被迫做出的不符合你的性别认同的行为，通常会让你感到不适和难过。比如进入与你的性别认同不一致的卫生间、更衣室，或者穿上不符合你的性别认同的校服。如果一个学生的出生性别为女性，性别认同为男性，并且性别表达非常男性化，那么被迫穿上女生校服，使用女性卫生间，在女性更衣室换衣服，就会让这个学生感到非常不舒服。美国一些州的政策和法律以及一些学校的制度规定，一定要为跨性别青少年和性别广泛青少年提供与其性别认同一致的设施。也就是说，允许跨性别者或性别广泛者使用中性卫生间，在上体育课时使用护士或教练的办公室换衣服，或者使用符合其性别认同的卫生间和更衣室。虽然确实有一部分学校和企业会照顾你的偏好，但并不是所有地方都会考虑你的性别认同。如果你的学校或你工作的地方没有这方面的考虑，你也许可以尝试使用前面学到的"为自己发声"的方法来改变目前的情况。

　　学校里的设施和规定是否会迫使你进入令你觉得不适的性别空间，做出一些让你不自在的行为？（比如与卫生间、更衣室、校服有关的规定，或者按性别排队、分组等规定）

_____

_____

_____

_____

　　遇到这些情况时，你会有哪些感受，你是怎么做的？

_____

_____

_____

　　你希望这些情况得到怎样的改善？（比如能够使用不分性别的卫生间，能够使用女生更衣室）

_____

_____

了解了"为自己发声"这一部分内容后,你认为你可以尝试哪些方法,来使事情按照你的想法发展?

骚扰和欺侮

女同性恋者朱迪思在高二时决定在社交方面转变为男性,现在他的名字叫伊桑。伊桑的性别表达一直非常男性化,学校的女孩们都会取笑他,她们总是叫他"拉拉",那个时候他还没有想过自己到底是不是女同性恋。采用男性性别表达之后,他受到了更多来自男孩的骚扰,有时他们的骚扰会让他感到害怕。一天课间,两个男孩在走廊上靠近他,叫他"基佬",还用拳头打他的肚子。那天之后,伊桑总担心自己会再次遭到暴打,在学校里的每一天都忧心忡忡。

很不幸，多数人都会在人生中的某个时期承受不同程度的骚扰和欺侮，在跨性别者和性别广泛者中，这种经历尤为常见。如果你在学校或职场中受到欺侮或骚扰，或者害怕自己会受到欺侮或骚扰，那么有一些办法应该可以帮到你。你和其他任何人一样，有在学校和工作环境中维护自身安全的权利。

你是否在学校或工作的地方被骚扰、辱骂过？是否被人施加过暴力？或者是否见到其他人承受骚扰、辱骂、暴力？

_____

_____

_____

_____

你最担心在什么时候或什么场合下遭到虐待？（比如去卫生间时）

_____

_____

_____

_____

如果你自己或者你认识的人遭受过虐待，你知道这些事件最后得到了怎样的处理吗？

你认为学校或工作地要发生哪些改变才能使你感到安全，不用担心自己会受到欺侮或骚扰？（比如设立私人卫生间）

明确了哪些措施可以使你的学校或工作环境更安全之后，为了使这些措施付诸实施，你通常需要获取一些支持。告诉他人你的经历和担忧，并提出你的意见是非常重要的，不管是告诉父母、老师、辅导员、校长、老板、同事还是人力资源专员，至于如何与他们沟通，你可以参考"为自己发声"这一部分的建议。最后，你还可以查询有关学生欺侮事件的校内政策，工作地对骚扰事件的处理办法，以及任何可以支持你的法律信息。

应对他人的无知

在向他人说明自己情况和想法时,对方可能是非常可靠的支持者,也可能会问你一些无知的问题,犯一些带有冒犯性的错误,甚至对你说的话做出消极反应。你需要考虑一下,自己应该如何回应这些可能发生的情况。

下面,我们提供了一些应对方法:

- **交谈**:如果你相信对方并非不怀好意,只是不了解相关知识或不知道应该如何帮助你,那么你可以考虑跟这个人分享你的情况和观点。如果你能够坚定地要求(虽然不具有批判性,但是能够明确地表达你的感受)他们在行为上做一些调整,那么他们也许就能理解你的处境并做出改变。

- **忽视**:有时最好的办法是忽视他人的评论,特别是当他人试图激起你的负面反应时。如果你不断地忽视某个人的负面评论,那个人可能就会因为没有得到想要的反应而停止评论你。

- **争取同盟**:如果可能,找到支持你的同学或同事,并与这些人保持联系。考虑与这些人谈论你面临的任何问题,帮助并支持你的同学或同事可以使学校或职场变为更令人满意和更有乐趣的地方。这些人还能影响学校或职场中的其他人,使他们尊重你和接受你。

- **行动主义**:美国已经采取了很多改善措施,让学校和职场变成对跨性别者和非常规性别者来说更安全、更公平的地方,这些进步在很大程度上要归功于跨性别者自己——比如跨性别学生的行动。许多跨性别学生都曾参与成立同直联盟,修改所在学校的制度,甚至美国各州法律。虽然这些行动是很困难的,且具有较高的风险,但是也收获了回报。如果你想加倍努力,改善所在群体的现状,那么你可以考虑帮助你的学校成立一个同直联盟,或者参加其他支持跨性别者或性别广泛者的行动。

小结

不管你在学校里还是在职场中尝试跨性别表达或性别广泛表达,你都有权利捍卫自己的尊严,得到他人的尊重。虽然在这些环境中,你会遇到一些与性别相关的挑战,但是你也可以找到解决办法,应对这些挑战。有时你会发现,你不仅改善了自己的处境,还改善了未来会在你的学校学习,或在你现在的工作地工作的跨性别者和性别广泛者的处境。(没错,我们对你的努力和潜在的英雄主义表示赞赏!)我们知道,与他人谈论自己的性别在有些时候会让你承受非常大的压力,当情况不会马上改善时,你还必须付出许多耐心。但是请记住,要满足个人需求,寻找支持和帮助是非常重要的。不要害怕向他人求助,勇敢地联系那些能为你提供支持和帮助的人。

Chapter 5
第 5 章

朋友和其他同龄人

同学、同事、朋友和熟人,是我们生活中很重要的组成部分。我们可以向他们寻求支持,征求意见,跟他们开玩笑,哭泣时依靠他们的肩膀。另一方面,这些人也可能令人烦恼(或惹人生气!),他们会取笑我们或打扰我们,他们偶尔做的一些事或说的一些话还会打击我们的自信心。

在性别探索的这个阶段,你会发现自己非常想与朋友分享自己对性别的看法,或想在上学或工作时让自己的着装和行为更符合自己的性别认同,却又担心他人的反应会让自己陷入艰难的处境。

我应该与人分享自己关于性别的看法和体验吗？

在探索和思考个人性别时，想与别人分享你的观点、感受和经历是很正常的，也许是为了进一步明确自己的性别认同，也许只是因为你想坦诚面对生活中的所有人。不管是获了奖还是家里出了一些状况，我们都想与别人分享，获得他们的支持，分享自己的喜悦和痛苦，这是一种健康的心理。事实上，调查研究表明，常与朋友和熟人分享自身经历的人比那些不愿意分享的人更开心，更健康。

你可能会因为一些原因犹豫不决。也许你认识的某些人曾因为行为、打扮或思想的与众不同，或者只是因为别人认为他们与常人不同而受到欺侮，也许你本人也曾因为一些与性别、性取向有关的事情受过欺侮。以上任何一种经历都可能使你害怕向朋友、同学和同事全面展示自己，不相信这些人会接受你、理解你和支持你。如果有人对你的性别认同、性别表达、性取向等做出消极反应，要应对这样的局面也是不容易的。

所以，你应该如何决定在何时以什么方式向跟谁透露你的不同之处呢？

虽然你无法知道朋友、同学或同事具体会有什么样的反应，但是在你可以自己把握向哪些人透露哪些情况。（换句话说，你不需要向所有人公开一切。）

我准备好了吗？

一想到要出柜，或毫无保留地向他人说明自己的性别认同，压力感就会向你袭来，试着抛开这些压力。很多媒体、电影和书籍都提到了公开出柜或表达自己的骄傲和自信有多么重要。但是实际上，多数人都发现，认真决定与哪些人分享哪些故事才是明智的做法。举个例子，如果某人的父母离婚了，他（她）可能只想与某些人分享这件事，而不是他（她）认识的所有人，这么选择当然是有道理的。同样，如果你想与他人谈论自己的性别，就一定要确定跟谁谈、什么时候谈、如何谈。正如和自己的家人交流一样，一定要在想好了、准备好了并且感到这样做很安全的时候再把你的想法告诉别人。

事实上，不管你的分享对象是谁，你都可以想等多久就等多久。如果你认为自己的身体或心灵可能会因为分享性别信息而受到伤害，而你又没有准备好如何去应对这些伤害（或者造成的伤害严重到谁都无法应对），那就说明，现在可能还不是与他人分享的时候。

因为你迈出的任何一大步都带着风险，所以你要对风险和潜在的利益进行权衡。有时，分享个人对于自身性别的看法和感受，或只是分享性别认同或性别表达，会是一种很好的释放方式，可以拉近你与周围其他人之间的距离。因此，如果你想知道是否要跟别人交谈，什么时候谈，如何谈，请继续往下看……

应该从哪儿开始？

我们强烈建议，当你准备在学校、工作地或其他地方公开你的性别认同之前，甚至是在告诉密友之前，如果可能的话，先获得一些"圈外人"的支持。这些人可以是LGBTQ支持组织中的人，也可以是你通过拨打热线电话找到的咨询对象，可以是对你的情况有所了解的家人、治疗师或咨询师，还可以是你所在的宗教团体中的人——可以是任何不与你同在一所学校或一个职场，且支持和理解你的性别的人。

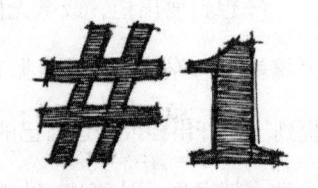

那么怎么找到这些支援者呢？办法有很多。

第一个建议是，在你所在的地区寻找可以亲自加入的LGBTQ青少年组织。（即使你不属于这个名称中的任何一个字母所代表的群体，这个组织里仍然有能够理解你的情况的人。）这是我们推荐的最佳开始方式，在这些组织中，你通常可以获得安全感，交到不错的新朋友，并获得一些真正有帮助的信息。

另外，很多网络群体、信息网站、社交网站、应用程序也能为你提供大量支持和信息。你也可以参阅本书网站上的资源列表。在从网络上寻求支持之前，你应该记住以下几点：

- 你在"QQ空间"和其他在线社交网站上的操作都是不能匿名的，他人可以看到你关注了某个网页或加入某个小组。

- 你在网上发布的内容会被保留下来——包括照片和评论。如果你不想让自己的照片或观点被扩散，那就不要分享。即使使用了定期"删除"照片的应用程序，你可能仍会发现你的照片被他人转发了。

- 人们在网上使用的身份不一定都是真实的，永远不要把个人信息透露给网上的人。

- 年轻人常常因为见网友而受伤。你也许需要得到网友面对面的支持，或者需要一次线下约会，但是不要忘了考虑自身的安全。如果你决定去见一个在网上认识的人，我们强烈建议你把第一次见面安排在公共场所，或让你认识的人陪你一起去。与你信任的人制定一个安全的计划，这样他们可以（1）知道你要去哪儿，（2）在你与网友见面期间关注你的情况（也许通过短信或电话），如果你没有回应，他们会知道你有可能遇到了麻烦，他们应该立刻帮助你。

- 与线下群体不同，网络群体中通常不存在负责维护群体中的正面氛围的人。即使在一个支持性群体中，有时也会发生欺侮事件。网络上的欺侮行为是非常可怕的，因此你要谨慎选择，一旦出现了令你感到不适的负面情况，你要知道如何从群体中脱离。

我应该跟谁交谈？

你可能会认为，首先应该让最好的朋友知道自己的情况和想法，其实不然。为什么呢？因为你的选择应该取决于分享对象对于性别多样性的看法和反应，最好的朋友也许是最明智的第一选择，也许不是。所以你有必要好好考虑让谁成为你的第一个分享对象。

试试看：第一个是谁？

写出几个你认为你可能有兴趣与其探讨你的性别的人的名字：

1._____

2._____

3._____

4._____

5._____

让我们进一步了解这些人。首先，设想他们可能会有的反应。

姓名	你认为他们对于性别多样性或性的多样性的接受程度如何？	你为什么这样认为？
1		
2		
3		
4		
5		

所以纵观以上信息，你认为哪些人对你的支持力度可能是最大的？

_____

_____

_____

现在，请推测以上每个人愿意为你保密的可能性有多大。回想他们过去是如何为你保密的，或如何将你或他人的私人信息泄露出去的。他们始终都是值得信任的人吗？

姓名	他们有多值得信任？	你为什么这样认为？
1		
2		
3		
4		
5		

谁是最值得信任的？

_____

_____

_____

在与这些人交流的过程中，支持和隐私对你来说有多重要？

_____

_____

_____

下面，设想如果你选择的分享对象有以下反应，你会有什么感觉，你的感觉会有多强烈？

如果他/她们……	我会感觉……
非常激动，等不及要了解所有信息	
为我高兴，支持我	
支持我，但似乎并不理解跨性别或性别广泛意味着什么	
支持我，但是使用错误的名字或代词称呼我，甚至是在我已经要求他们使用我更喜欢的名字和代词之后	
支持我，但是从他们问的问题可以看出来，他们可能认为我的性别认同是怪异的	
不是很支持，但是愿意慢慢了解	
完全不支持，但是还会跟我做朋友	
完全不支持，不想继续跟我做朋友	

那么关于保密呢?保密对你来说有多重要?(请在线上做标记)

如果发生了这件事……	对我来说这会是多大的问题?
我的分享对象把我告诉他(她)的信息透露了一点点给我们的一个朋友,这个朋友与我们俩都很亲近	1 ———————— 5 ———————— 10 不是问题! 不喜欢 毁灭性的
我的分享对象把我告诉他(她)的信息告诉了我们的一个朋友,这个朋友与我们俩都很亲近	1 ———————— 5 ———————— 10 不是问题! 不喜欢 毁灭性的
我们的谈话内容流出,我们的朋友都知道了	1 ———————— 5 ———————— 10 不是问题! 不喜欢 毁灭性的
整个学校都发现了	1 ———————— 5 ———————— 10 不是问题! 不喜欢 毁灭性的
我的父亲或(和)母亲发现了	1 ———————— 5 ———————— 10 不是问题! 不喜欢 毁灭性的
我的亲戚们都发现了	1 ———————— 5 ———————— 10 不是问题! 不喜欢 毁灭性的

准备好应对不同的反应

如何应对不同人的不同反应,这一点是你需要考虑的。但愿你选择的分享对象是一个思想开放并且能够接受你的性别的人!可是,正如我们在前面说的,你永远不能肯定对方会做出什么反应。

在多种人际关系中,对个人隐私——如对性别的想法和体验保持开放而敏感的态度,有利于促进相互间的信任和理解,有利于人际关系的健康和持久发展。你可能会感觉自己与对方的关系变得更加亲近,并对彼此间的关系充满感激;而你的分享对象在得知了你的情况之后,也许同样会对你敞开心扉,告诉你一些他们不太愿意与他人讲述的事情。

然而遗憾的是,虽然许多朋友、同学或同事支持你,并且值得信任,但是一开始他们也许并不能完全理解你的性别认同,尤其是当你的性别超出了他们既有的性别认知时。因为他们还处在学习性别的过程中,所以你也许应该准备好应对一些误解或疑惑。请记住,他们的认知和观念可以而且一定会随着时间发生改变,不要忘了你自己曾经也对性别有和现在不一样的看法。同时,你要准备好应对他们在努力理解时提出的问题或疑惑。

比如,你也许会被问到下面这些问题:

- 也就是说你是女（男）同性恋？
- 你为什么不满意自己本来的样子呢？
- 你确定吗？
- 你要做"那种手术"吗？
- 什么是"性别酷儿"？
- 你怎么知道？
- 这是不是说明你可能会看上我？
- 你告诉你父母了吗？你要告诉他们吗？
- 还有谁知道？
- 我能告诉谁？
- 你要改名字或称呼吗？
- 我们还能做朋友吗？
- 这不是不符合你的宗教信仰吗？

虽然这些问题可能是出于关心、担忧或想要理解我们的心情，但是也会使我们觉得受伤。因此我们建议你在生活圈子之外，找一些能够在人们问你这些问题时帮你缓解不良情绪的人。

你也许会问：我应该提前准备好回答这些问题吗？！不是这样的，因为实际上许多人都会问出令你惊讶的问题，所以我们不建议你去弄清楚怎么回答人们可能会问到的每个问题。我们的建议就是，在回应这些问题时，不管需要做什么，你都要照顾好自己。你可以尽量诚实地回答他们的问题，或者告诉他们去哪里可以了解更多相关信息，或者甚至可以告诉他们你不知道或者你不能回答他们的问题。毕竟，虽然你对性别的了解比他们多，但这并不意味着你得像专家一样有问必答。（除非你想做这样的工作！）

应对负面经历

如果你把自己的性别认同告诉他人，你可能会增加一些负面经历，也或许你已经有过这样的经历。我们说过，许多时候，朋友们只是不确定应该如何反应，他们需要一些适应时间。另一方面，一些年轻人确实因为外表或言语与他人的预期不符合而遭到排斥或欺侮。

以下是一些应对排斥和欺侮的方法：

- 求助于那些真正支持你的人。如果有朋友支持你，那么与这些朋友保持联系，把精力集中在这些人身上。

- 联系你知道的 LGBT 组织，获取帮助和支持。

- 做你喜欢的事情，不管在校内还是校外。

- 他人的排斥、欺侮或者误解让你产生了许多强烈的感受。花点时间与你信任的人分享这些感受。

- 向你信任的学校辅导员或老师求助。

- 你的学校不应该容忍任何形式——包括基于性别或性取向的欺侮或骚扰事件。如果学校纵容了这些事件的发生,你可能需要为你自己的性别认同和你的需求发声。试着与你信任的辅导员、教师或管理者(比如校长)交流。

- 如果可以,与你的父母沟通。

- 找一个可以听你诉说的治疗师。

- 如果你受到了身体上的伤害或攻击,那么可以拨打110求助。

- 如果你真的很痛苦,甚至出于某种原因想自杀,那么可以查找并拨打可以帮助你的组织或部门的热线电话求助。

- 如果你认为你可能会做出了伤害自己或他人的事,请拨打110。

本书的在线资源列表中还列出了其他可以帮助你应对欺侮事件的信息。

小结

与理解你的人就你的性别进行沟通是非常重要的。虽然与生活中的其他人坦诚地交流性别知识似乎很冒险，令人畏惧，但是也是完全值得的。然而，只有你自己能够决定告诉谁是有意义的，何时可以对这些人讲，用什么方式告诉他们。如果可能的话，我们强烈建议你去学校和职场外获取一些支持，比如参加一个地方的支持跨性别者或性别广泛者的组织，或拨打一个相关组织的热线电话，找到可以帮你应对他人的负面反应的人。与你情况相同的年轻人有成千上万，如果你去寻找，我们相信你最后一定会找到能够支持你的人。最后，我们相信，虽然不管是在学校里还是在职场中，要让周围的人都支持你需要大量的时间和耐心，但是实现这个目标的过程会让你结交一些非常可贵的朋友，在他们身边，你可以做真实的自己，这是一件美妙的事。

Chapter 6
第 6 章

约会和性爱

对于约会和性爱,许多人都会产生强烈而复杂的感受——有些正面,有些负面,有些中性或者介于正面和负面之间。有些人会用大量时间来设想或思考约会与性爱,有些人却对这个话题毫不在乎,不管哪一种性别认同和性别表达,这样的差异都是真实存在的。

人们通常从青春期开始了解自己的性欲,以及自己想要什么样的恋爱关系。虽然恋爱关系和性关系令人激动并让人满足,但是它们也会影响我们的情感健康和身体健康。因为有受伤的风险,所以在发展恋爱关系和性关系时,我们一定要保护好自己。

我们在性行为方面做出的选择，尤其应该保证自己的情感安全和身体安全。比如，我们应该在心理上准备好之后再进行性行为，并且做出安全的性选择——包括预防性传染病和防止意外怀孕。

你也许已经了解了性别认同和性别表达的影响力，约会和性爱也必然受其影响。因此，对于进行性别探索的人们来说，花些时间了解这方面的有用信息是很有必要的。

在本章中，我们首先介绍性取向（sexual orientation）和爱情取向（romantic orientation），解释其含义，并给你机会思考自己的性认同（sexual identity）和爱情认同（romantic identity）。接着，我们将深入探讨约会和性爱。我们的目标是帮助你与你未来的伴侣建立理想的关系。

性取向和爱情取向

在探索了复杂的性别认同之后，我们相信性取向和爱情取向的复杂对你来说已经不足为奇。性取向通常让我们联想到一个人的性吸引力和性行为，包括无性恋、异性恋、女同性恋、男同性恋、双性恋和泛性恋；爱情取向指的则是一个人在情感上会被哪一类人吸引，不同爱情取向的人可能被划分为在情感上无法感受他人吸引力的人（aromantic）、在情感上同时能够被男性和女性吸引的人

（biromantic）等等。这些认同的真正含义是什么呢？我们应该如何确定自己的认同呢？

性取向

性取向实际上可分为（至少）三部分：吸引、行为和认同。

性吸引表示我们在身体上想接近谁。你也许幻想过亲吻或触碰某个人，或者渴望与其发生性关系，这种表现就是性吸引的标志。

行为是指我们所采取的可见的行动。性行为有多种形式，包括在网络上搜索某个在你看来很漂亮的人的照片、自慰、调情或与他人发生肢体上的亲密接触。

性认同要复杂一些，是我们为自己贴的标签。通常，我们的性认同与性吸引是相匹配的，有时与性行为也保持一致。但是，不是所有的性行为都完全符合我们的性认同。

虽然吸引、行为和认同通常可以达到一定程度的协调，但是和大多数人所认为的不一样，这三者在一般情况下都不是完全一致的。下面是一些常见的性认同及其定义：

女同性恋者：被女人吸引的女人。

男同性恋者：通常指被男人吸引的男人。

双性恋者：既被男人吸引也被女人吸引的人。

异性恋者：被出生性别与自身"相反"的人吸引的人。

泛性恋者：会被各种出生性别和性别认同的人吸引的人。

无性恋者：对于性不感兴趣或者感受不到他人的性吸引的人。

酷儿：具有非异性恋认同的人。

这些认同标签不是固定的或绝对的，不一定总是与一个人的行为或吸引完美匹配。许多女人的性认同为女同性恋者，可是她们跟男人做爱的次数比跟女人做爱的次数多，而且与男人谈过恋爱。许多男人虽然被其他男人吸引，并且可以愉快地谈论自己与其他男人之间的性爱经历，但是他们并不认为自己是"男同性恋者"或"双性恋者"。还有许多男人，他们被男人吸引，然而一旦把这种吸引落实，或者把自己当成男同性恋者，他们就会感到不舒适或不安全。

虽然吸引、行为和认同是相关联的，但是它们不一定是完全一致的。事实上，你的性吸引、性行为和性认同之间存在差异是完全正常的情况。

爱情取向

同样，爱情取向也可以分为吸引、行为和认同。你的爱情吸引反应了你在情感上会被哪些人吸引。你在情感上被某人吸引时，你会发现你想与这个人建立一种特殊的亲密关系。在这种关系中，你会告诉对方你的想法和感受，并聆听对方的想法和感受，你们共渡难关，一起庆祝美好时刻，为彼此做特别的事情，并一起度过特别的二人时光。

爱情行为包含你与爱情伴侣(们)在情感亲密时做出的所有行为。比如，与伴侣约会，为他们买礼物，写情书，唱情歌，向他们吐露你不会向其他人吐露的事情，或者在他们心情低落时给他们一个拥抱。这些都是爱情行为。

爱情认同的定义与性认同的定义一样，通常与吸引我们的一种性别或多种性别有关。比如，下面是一些常见的爱情认同及其定义：

情感上的无性恋者（Aromantic）：情感上不被他人吸引的人。

情感上的双性恋者（Biromantic）：情感上被两种（或更多种）性别的人吸引的人。

情感上的异性恋者（Heteroromantic）：情感上被除自身性别外的其他某种性别的人吸引的人。

情感上的同性恋者（Homoromantic）：情感上被与自己性别相同的人吸引的人。

情感上的泛性恋者（Panromantic）：情感上被各种性别的人吸引的人。

爱情认同与性认同一样，通常不会与爱情吸引或爱情行为完美一致。

试试看：探索你的性吸引和爱情吸引

你是否爱慕过某个人？爱慕一个人的征兆包括思念这个人，幻想在身体上或情感上与这个人拉近距离，与这个人说话时会产生非常有意思的感受，比如同时感到害怕、激动和温暖，或者因为对方实在太迷人导致你总是避免与其对话！如果你有过以上任何一种体验，那么请在下面写出对方的哪些特点吸引了你。（如果你还没有爱慕过任何人，那就写出你所认为的别人身上会吸引到你的特点。）

_____

_____

_____

你是否幻想过与某个人亲密接触或发生性关系？这些幻想的具体内容是什么？你的幻想对象是谁？

_____

_____

_____

你是否幻想过在情感上与某个人保持亲密联系,或者与某人谈恋爱?这些幻想的具体内容是什么?你的幻想对象是谁?

_____

_____

_____

吸引你的人属于什么类型?你的幻想通常涉及哪些主题?

_____

_____

_____

关于性认同和爱情认同的更多信息

你也许已经注意到,上面提到的许多与性取向和爱情取向有关的术语,都是基于对性和性别的简单理解来定义的。

因此,性别不符合简单的性别区分法的人,在确定自己的性认同或爱情认同的过程中就会更加困惑。

好消息是,我们说过,这些标签的定义并不是绝对的。也就是说,你可以根据自己的情况选择适合自己的标签。

婷是一位跨性别女性，一直以来能吸引她的主要都是男性。在转变为女性身份之前，婷以男性身份生活了多年，她与男性约会，并以能成为男同性恋群体中的一员而自豪。虽然改变了性别认同，开始认同自己是一名女性，但是她仍然感觉自己与"男同性恋者"相关，并将其作为自己的性认同。她是一个女人，嫁给了一个男人，却认为自己是男同性恋者。虽然周围的人很困惑，但是婷知道，如果她不想解释就不必解释，因为她选择的认同都是适合她的。

迪伦发现自己在情感上被不同性别认同和性别表达的人吸引；在性方面，主要被不适合性别二分法的人吸引。迪伦不太喜欢被划分为男性或女性，认为"酷儿"或"泛性恋"最适合用来描述自己的性取向。如果必须要有一个标签，那么"情感上的泛性恋者"最合适。

大约一年前，马蒂对自己的性别认同有了更多了解，之后便改变了自己的性认同。从女孩身份变为男孩身份后，马蒂不再觉得"女同性恋者"是适合他的性认同。现在，他认为自己是一名异性恋的跨性别男性，但是有时候他觉得"酷儿"更符合他的情况，因为他对性别的理解与性别二分法对"异性恋"的定义并不完全相符。

许多性别多样化的人都决定自己定义自身的性认同,因为没有一个常用的标签完全适合他们。他们的认同非常有创意,也很有趣,比典型的标签更准确。比如:

- 拥抱入迷者
- 被男性化的人吸引的人
- 喜欢自己的阴茎的女同性恋者

总之,怎么定义你的性吸引和性行为完全取决于你自己。

试试看:探索你的性认同和爱情认同

下面的列表可以帮助你探索你的性认同和爱情认同。最左边是一些常见的认同标签,你还可以有别的选择(包括你自己提出来的认同),请在左边一列的空格里写下你想出的或听过的其他认同。在中间一列填写对应的认同适合你的原因,在最右边一列填写不适合你的原因。

在探索一种认同是否适合你时,你或许可以大声说出"我是＿＿＿＿＿＿＿",然后回想说出这句话的时候,你有什么想法和感受。记住,不管你想出的可以说明你的标签是什么,都不必达到完美匹配,因为多数标签都无法完全适合某个人。

认同	为什么这个认同适合我	为什么这个认同不适合我
女同性恋者		
男同性恋者		
双性恋者		
异性恋者		
酷儿		
无性恋者		
泛性恋者		
（其他性认同）		
情感上的无性恋者		

情感上的 双性恋者		
情感上的 异性恋者		
情感上的 同性恋者		
情感上的 泛性恋者		
（其他爱情 认同）		

你发现适合你的认同了吗？或者是否有几种选择在你看来是合理的？或者这个练习是否使你意识到，你根本不想为你的认同贴上任何标签？

只要你觉得适合你，你可以选择任何一种认同。因为人们的认同通常会随着时间改变，所以如果你的想法或感受改变了，你随时有权利改变对自身性认同的定义。

约会

克洛伊喜欢上了化学班的一个男孩子,这种喜欢已经持续了好几个月。男孩在她周围时她会紧张,而且从来都不知道应该跟他说什么。虽然男孩总是对她很友好,但是她不知道应该如何理解对方的友好——只是为人友善,还是也喜欢自己?克洛伊不确定男孩是否知道她是一名跨性别者,虽然她已经转变了一段时间,没有人再讨论这件事了,但是她猜想每个人都知道。克洛伊陷入了困境,她想告诉男孩她的感受,却害怕他对自己不感兴趣。最重要的是,她不知道究竟要怎样告诉他自己是跨性别者,甚至是不是应该告诉他自己是跨性别者。

每个人开始与另一个人约会时,都会考虑对方会如何接受自己的每一面。如果一个人拥有不太符合传统标准的性别认同,想要进行性别转变,或已经经历了性别转变,那么这个人就很难决定应该在什么时候以什么方式告知潜在的伴侣。一些人实在不知道是否应该与人分享自己的性别信息,如果要分享应该在何时如何分享,于是他们选择避免寻求任何亲密关系,即使他们内心充满渴望。还有一些人没有尝试就放弃了,认为他们永远都不会找到能接受自己身份的人。

在某种程度上，会有这些想法和恐惧都是非常正常的。幸好，大部分渴望恋爱关系的人都找到了满意的恋爱关系，不管他们现在和过去的性别认同或性别表达是多么特别。随着时间的流逝，他们也慢慢学会了如何以安全且令人满意的方式分享全面的自我。

下面，看看我们是否能从那些已经成功建立满意的恋爱关系的性别广泛者身上学到些经验。

想清楚如何、什么时候或者是否向潜在的伴侣公开自己的性别认同

如果你的性别认同或经历不符合标准的性别二分法，那么你在约会时，就要考虑清楚如何、什么时候、是否要将你的性别认同告诉潜在的伴侣。以卡洛斯的故事为例：

> 卡洛斯是一位年轻的跨性别男性。他要与 TJ 进行第一次约会，TJ 是一个男人，和他在一次同性恋游行活动中认识。TJ 约他的时候他很兴奋，虽然在活动中他们没有太多时间了解彼此，但是卡洛斯发现 TJ 是一个有魅力、聪明、有趣的人。现在要去约会了，他的脑中有数不清的疑问：他需要第一次约会就告诉 TJ 自己

是跨性别者吗？是否要等到他们已经准备好采取亲密的性行为时再说？还是要等到开始建立关系的时候？具体需要告诉 TJ 什么？TJ 会怎么回应呢？他还会被卡洛斯吸引吗？

针对这些问题，没有正确的答案也没有错误的答案。不同的跨性别者和性别广泛者也许会以非常不同的方式应对同样的状况，关键在于他们要自己决定什么方式最适合自己。让我们来梳理这些问题，弄清楚哪种方式适合你。

在决定是否要出柜时，你需要考虑一个问题：我想在多久之后让这个人知道我的性别认同或性别经历，为什么？再次说明，这个问题的答案没有对错之分。你的约会对象不同，这个问题的答案也会不同。一方面，你也许想让潜在伴侣立刻知道你的性别认同，让他们早些决定是否愿意与一个跨性别者或性别广泛者约会。因为这种方式不会让你觉得你在隐藏真正的自己，可以帮助你缓解焦虑，你也不用总是担心以后会被拒绝。另一方面，你也许想让潜在伴侣在了解你的性别认同之前，先从整体上了解你是一个什么样的人。那么，想到你想约会的这个人时，你觉得你会在多久之后向他们公开你的性别认同？圈出下面最能反映你当前想法的数字。

Dating and Sex • 第六章 约会和性爱 • 137

1	2	3	4	5
我想立刻告诉他们！在他们了解我的性别信息之前，我不想让我们之间的关系进一步！		我认为最好推迟一段时间再说。我想慢慢摸清对方的想法。		在确定我们是互相中意，并都想进一步进行身体上的亲密接触之前，我不想告诉他们。

根据以上答案，回答下面的问题：

现在公开或等待时机公开有哪些好处？

_____

_____

_____

现在公开或等待时机公开有哪些弊端？

_____

_____

_____

现在公开或等待时机公开会如何影响恋爱关系的发展？

_____

_____

_____

回答完这些问题,你是否仍然坚持你之前关于何时公开的想法?关于这个决定,你还产生了哪些不一样的想法?

_____

_____

_____

公开是一种挑战,每开始一段新的恋爱关系,或开始与一个人约会时,都需要做出相关决定。根据恋爱情况的不同、时间或场合的不同,你可以做出不同的选择(而且事实上也许这样做是最明智的)。你只需要确保,你所做的决定是最适合你的。

与伴侣交谈时的安全性

不管何时与伴侣交谈,在无法确定对方会有什么反应的情况下,你都要考虑一个重要的因素:安全性。如果有关你的性别认同的谈话可能会使对方措手不及,那么你需要考虑多种潜在后果。虽然许多人可能都会接受你的性别认同,但聪明的做法是把对方的负面回应纳入考虑范围,甚至要考虑承受身体攻击或被施暴的可能性。再次说明，虽然这些回应不具有广泛性，但是我们仍有必要考虑其可能性。下面是一些提示和问题，在计划与潜在伴侣谈论你的性别认同时，你可以问自己这些问题。

选一个安全的地方：准备与对方谈论性别认同等相关话题时，你有必要选择一个能够确保自身人身安全的地方。选择一个公共场所作为安全地点，可以防止对方大声回应或暴力回应。选择通过电话、邮件或其他书面或通讯形式交流，可以将对方的反应限制在与你分离开的空间内。制定好计划后，你还要思考对方是否有可能在挂掉电话或离开电脑后，来你家或以其他方式与你面对面对峙。

关于选择一个安全的地方，你有什么计划？

_____

_____

_____

制定撤退计划：把你的性别认同告诉对方之后，你要确保自己可以在感到不舒服或不安全时自由离开。比如确保不用让对方送你回家，这一点很重要，他们可能会在开车送你回家的途中表现出负面反应。或者，你可以通过他们在公共场所的反应来判断与他们乘坐一辆车是否安全。

你的撤退计划是什么?

_____

_____

_____

_____

向一个安全可靠的人或支持你的人报备：向潜在伴侣公开你的性别认同时，获得朋友、家人、辅导员或其他人的支持是有帮助的。比如，你可以告诉这个人你会去哪儿，在什么时间与潜在伴侣约会。你可以在约会期间或约会之后给这个人打电话或发短信，告诉这个人情况如何，也可以在约会结束后与这个支持者交谈。这样的话，你的支持者就会知道你的处境是否安全，必要时能及时帮助你。不仅如此，你也可以借此获得更多支持。

谁是可能的支持者？

_____

_____

_____

你的计划是什么，如何与你的支持者配合？

_____

_____

_____

_____

_____

现在你已经了解了如何向潜在伴侣公开自己的性别认同,以及如何在这个过程中保证自身的安全。下面我们来探讨恋爱关系中另一个既让人兴奋又让人害怕的因素:性爱。

性爱

凯拉已经跟她的男朋友马利克在一起一年多了,他们在性爱方面的分歧越来越大。马利克的性认同是双性恋,并且非常支持凯拉的跨性别认同。但是有时凯拉感觉,他们在发生性行为时,马利克触摸她的身体的方式让她感觉自己是个男的。这种感觉让她烦躁不安,她会因此立即抽身离开,马利克则会感到自己被拒绝了。现在,性爱在他们的关系中变成了一个有压力的话题。凯拉不知道如何跟马利克说明自己的感受,并害怕自己会失去他。

多数人在谈论性爱这个话题的时候都难以真正放开，特别是在具体说明自己喜欢怎样、不喜欢怎样的时候，部分原因在于我们受到的教育告诉我们这类话题是羞耻的或让人尴尬的。是时候抛开这些教导了，如果你想与你的伴侣（们）一起享受满意的性爱体验，那么关于性的交流就非常重要。比如，在性爱这件事上，多数人都希望自己的伴侣可以做某些事或说某些话，另一方面，可以不做某些事或说某些话，因为后者会让他们难受、不适应，或者不符合他们在性爱方面对自己的认知。几乎每个人都会因为自己身体的某些部位而烦恼，这种烦恼往往会妨碍闺房之乐。事实是，不管哪些身体部位让你感觉舒服或不舒服，不管你喜欢或不喜欢哪些抚摸方式，你仍然可以体验满意的性关系——只需要进行一些探索，最重要的是，相互交流。

弄清楚哪些方式能为你带来性快感（以及哪些不能）

当然，在交流之前，你需要弄清楚哪些方式可以使你兴奋或给你带来性快感，哪些不能。有些事不需要尝试，你就能知道它们是会让你兴奋，还是让你不适或反感。还有一些事，你需要通过尝试来确定自己的感觉，而且你的感觉会随着你所处的人生阶段的不同，以及你的恋爱关系类型的不同而改变。

试试看：什么能引起我的性欲，什么引不起我的性欲

在性爱方面你对自己已有哪些了解？在下面的横线上列出让你兴奋或反感的事情或事物，可以是你或你的伴侣做的事情、说的话或想像的事，也可以是一个地点、一种工具或一种视频，还可以是一种香味。因为每个人在性爱方面的体验都完全不同，所以你需要去探索自己。我们会举一些例子帮助你开始。

让我兴奋

示例：被对方吻脖子，想到勃起的阴茎，触摸对方的胸部，对方闻起来有椰子味，想到在水中做爱，躺在对方身后，摔跤，蜡烛，性感音乐，在浪漫的氛围下感觉与某个人来电

_____

_____

_____

_____

让我反感

示例：粉色带褶边的物品，被对方触摸我的胸部，对方表现出攻击性，对方非常被动，我穿比较男性化的衣服，对方似乎只关注性爱，对方吃完东西没刷牙

_____

_____

_____

_____

_____

当自身的身理特征与自己的性别认同、性别表达并非完美匹配时，人们往往对拥有满意的性关系不抱任何希望。事实上，许多具有创造性的方式都可以帮住你与伴侣体验性快感。比如，如果不想让对方触碰你的生殖器，你还可以充分利用其他令你兴奋的身体部位。如果你的耳垂特别敏感，你可以让你的伴侣多在这个部位下功夫。

在性行为中，你的某一些身体部位是否是禁止对方触碰的？如果是，是哪些部位？

_____

_____

是否只能以特定的方式触摸你的某一些身体部位，才会让你有快感？如果是，是哪些部位？

_____

_____

_____

除了生殖器，你的身体是否还有其他特别敏感、或许能让你产生性快感的部位（比如脖子、耳朵、后背）？如果有，是哪些部位？

_____

_____

_____

是否有一些你虽然不确定会带给你什么感觉但愿意尝试的行为？

示例：我在腰上绑一个假阴茎，和伴侣依偎在沙发上，脱掉衬衫，但是告诉伴侣我想穿着胸罩，然后让伴侣亲吻我的耳垂，或者亲吻伴侣的耳垂。

_____

_____

现在你已经了解了做哪些事情可以让自己兴奋或反感，那么要如何与伴侣交流这些信息呢？

与伴侣交流性爱体验

针对上面的问题，你的答案并没有正误之分——你可以用自己的方式让你的身体感受性爱。也因为每个人体验性爱的方式都是不一样的，所以除非你告诉他们，否则你的伴侣不会知道你的性需求和性偏好。更糟糕的是，他们也许会继续尝试用实际上会引起你不适的方式取悦你。因此，与伴侣进行良好的性爱沟通是非常重要的。如果你能够说明哪些性行为适合你或哪些行为不适合你，并且聆听伴侣的需求，那么你们就会获得满意的性爱体验。

遗憾的是，人们通常不愿意开放、诚实地谈论性爱，特别是自己的性爱需求和偏好，担心会让自己难堪、伴侣不理解，等等。

试试看：宝贝，我们来谈谈性爱这回事

在与伴侣交流你的性爱需求和性爱偏好这件事上，你有哪些担忧或顾虑？

_____

_____

_____

与伴侣交流你的性爱需求和性爱偏好可能会给你带来哪些好处？

_____

_____

_____

为了开启性爱这个话题，首先，你或许应该告诉伴侣你的担忧和顾虑。有时候，仅仅是把担忧说出来就可以让你感到解脱。除此之外，你也可以主动询问对方是否也有这方面的忧虑。或许，你们还可以设计一个用真心话交换真心话的游戏（而不是"真心话大冒险"）。你可以提出建议："如果你告诉我一件你喜欢的事，我就告诉你一件我喜欢的事"，"如果你告诉我一件你不喜欢的事，我就告诉你一件我不喜欢的事"。你的伴侣也许会因为对你和你的身体感觉有了更好的理解而大松一口气，之后也会更自由地与你交流性爱需求和性爱偏好,这个结果对你也会很有帮助!

小结

现在,你已经对自己的性吸引、性认同和爱情吸引、爱情认同进行了探索,了解了一些约会策略和建立满意的性关系的策略,我们希望你能够比以前更自信,相信自己能够建立符合自己的理想和需求的恋爱关系。虽然与他人约会仍然会让你感到一丝紧张,但是你要知道有这种感受的并不只有你一个人。约会对谁来说都是一种令人畏惧的体验。(你约会的对象也许同样紧张,同样担心你是否会喜欢他们并接受他们!)。

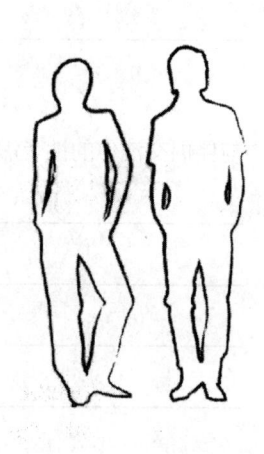

最后要注意的一点是,许多不自信的人到最后会"勉强接受"不按照他们喜欢的方式对待他们的伴侣。他们也许会想,"这个人已经是我能拥

有的最好的选择，没有其他人会跟我在一起"。正因为这个原因，人们有时甚至会忍受伴侣关系中的虐待（情感上的或身体上的）。如果你发现现有的恋爱关系与自己理想的恋爱关系相差太多，那么我们希望你能审视你对自我的想法，确定你是否是在忍受不理想的现状。如果你在一段关系中陷入了困境，并且想要得到解脱，那么也许第8章的内容可以帮助你。就算没有进入恋爱关系，只要你感觉自己遇到了难以克服的困难，就可以参考第8章。不管你有什么样的性别认同或性别表达，你都值得拥有梦想的恋爱关系。虽然本书作者中的每个人都曾在不同程度上怀疑过自己，但是我们以过来人的经历告诉你——只要你不放弃，你的梦想就有实现的可能！

Chapter 7
第 7 章

平衡身份认同的多个方面

除了性别以外,身份认同的其他方面也会影响一个人对自身性别的探索,种族、民族、宗教、能力、年龄和社会经济地位等,都会影响你如何体验性别(你的性别认同),如何表达性别(你的性别表达),以及他人如何回应你的性别表达。

我们来看看下面这两个人的故事,了解这些因素在他们的生活中是如何起作用的。

埃迪今年 17 岁,与家人一起住在一个小镇上,来年上大学。他在父亲的律所做兼职,能赚不少钱。埃迪是一位失聪少年,将来想在学校当失聪儿童的教师。他的父母支持他的想法,家里的经济条件足以承担埃迪的所有学费和医疗费用。埃迪与家人定期去教堂做礼拜，基督徒的身份是他们所有认同中的一个重要方面。埃迪是白人，住在一个多数居民为白人的社区里。他母亲的家族来自英格兰，连续几代人都住在美国；他的父亲是澳大利亚人，获得法学学位后来到美国。

贾伊今年 14 岁，与母亲住在一个大城市里。贾伊继承了两个种族的血统——母亲是拉美裔美国人，父亲是非裔美国人。贾伊学习很努力，为了支付上大学的费用，他必须获得奖学金。贾伊计划满了 16 岁就找工作，这样才能上得起更好的学校。贾伊很想有朝一日能够成为一名外科医生。贾伊与他的母亲并不认为他们自己是信教的，他们只是偶尔去贾伊的父亲所在的浸礼会教堂，目的是与强大的非裔美国人群体建立联系。

虽然这两个人过着迥然不同的生活，但是他们都知道自己的性别认同比出生时被确定的"男性"或"女性"更复杂。对于他们来说，身份认同的其他方面会与性别交叉，影响他们的性别认同和性别表达。

我们会花大量时间去思考身份认同中的一些方面，通常，我们会特别注意那些看起来与众不同的认同。比如，如果你的性别认同不属于我们一直所说的性别二分法，那么你可能会比同龄人花更多时间来思考性别。埃迪和贾伊相比，埃迪可能需要花更多时间思考个人的能力，贾伊或许花了更多时间思考种族和社会经济地位。

但是，即使我们还没有花时间思考一些事，这也并不意味着那些事不会对我们产生重要的影响。

优势

受身份认同影响的其中一个方面就是我们的"优势等级"。"优势"是某个群体所享有的一系列特殊利益，比如，埃迪作为一名白人，可能就会在白人占多数的地方享有以下优势：在学校学习的历史主要是与自己的种族有关的；在自己想要从事的职业中找到许多和自己同种族的榜样式人物；独自出没在陌生的地方也不用担心安全问题；从来不担心自己在求职时会因为种族问题被拒绝；从来不会被要求回答关于白人的问题。另一方面，贾伊也会拥有一些埃迪没有的优势：不需要申请残疾人服务就可以上任何学校；见陌生人时不需要解释或回答有关失聪的问题；能够听到警报（比如火灾报警器，汽车喇叭声和汽笛声），从而保证自己的安全；不需要担心他人会因为自己身体能力的缺陷而不想与自己成为朋友。

一个人的优势不是受到身份认同的某一方面的影响，而是受到身份认同的多个方面相互作用——即"交叉性"（intersectionality）

的影响。比如,我们通常认为和女人相比,男人是享有一些优势的,虽然某些优势是所有男性都享有的,但是基于个人具体因素,这些优势的等级是千差万别的。比如,白人男性和黑人男性所享有的优势就不一样。

试试看:优势

思考身份认同的哪些方面时,你花的时间最多?
_____
_____

思考身份认同的哪些方面时,你花的时间最少?
_____
_____

你认为你在身份认同的哪些方面享有优势?
_____
_____

_____

_____

_____

交叉性

除了优势以外，身份认同的多个方面还影响着我们的性别认同和性别表达。比如，我们所受的教育中关于性别的定义和分类，我们所属的种族和宗教群体对性别表达设立的标准，以及这些群体回应我们的性别认同或性别表达的方式。

我们来回顾一下之前的两个例子，看看身份认同的其他方面如何与性别相互作用，影响埃迪和贾伊的生活。

> 埃迪的父亲是澳大利亚人，澳大利亚社会和埃迪加入的教会群体对于什么是男孩和男人有着非常严格的定义。埃迪的父亲一直不满埃迪作为一个男孩却不喜欢体育运动，反而喜欢用女性服装打扮自己。埃迪讨厌穿着西装去教堂，虽然他想留长发，但是知道自己不能如愿。因此，到现在为止，埃迪一直选择男性化的行为和穿衣

方式，甚至会因为希望自己一生下来就是个女孩的想法而感到羞耻。然而，自从可以开自己的车、使用自己的储蓄之后，他开始开车穿过几个小镇，去见一些支持他的偏女性化认同和表达的人，还专为这些场合买了一些女性服装。

贾伊的母亲非常支持贾伊作为酷儿的性别认同和表达。贾伊居住在一个发达的城市里，学校里的跨性别者和性别广泛者获得了大量支持，可以使用不分性别的卫生间和代词，能做真实的自己。然而，贾伊担心未来找工作或进大学时会受到歧视。进入了青春期后，身体的发育让贾伊越来越不舒服。因为贾伊的家庭不富裕，所以没钱找心理专家或医生缓解焦虑，也无法接受任何可以使贾伊更适应自己的身体的医疗干预。

如你所见，两人的性别经历和有关性别表达的决定，极大地受到了身份认同其他方面的影响。

那么你呢？身份认同的不同方面是如何与你的性别体验和表达相关联的？

种族和民族

种族在某种程度上和性别类似，我们通常认为不同种族具有不同的外貌特征，事实上这些特征之间的区别有时候并不明显。我们在谈论种族时，实际上是在谈论一些可以让一个人被定义为"白人"、"黑人"、"亚洲人"等的生物遗传特征。一个人可以遗传多个种族的身体特征。

民族则与文化有关。文化可以以多种方式定义，人们可以基于国家、大陆或其他群体性因素来确定自己属于什么民族。比如，白人可以属于多个不同的民族，比如东欧人、南非人或犹太人；黑人可以属于非裔、海地人或拉丁裔；亚洲人可以是中国人、日本人或菲律宾人。当然，同一个人可以拥有多个民族的特征，每个特征都是其身份认同的重要方面。

在我们体验世界的方式、被对待的方式以及我们的价值观和信仰方面，种族和民族是核心影响因素。

试试看：种族认同和民族认同

下面让我们花些时间思考你的种族认同和民族认同，以及它们与性别的相关性。

你属于什么种族和民族?

_____

_____

_____

对于你所属的种族和民族来说,什么样的性别是"正常的"?

_____

_____

_____

对于性别认同或性别表达不同于"正常的"性别认同或性别表达的人,你的种族和民族群体是怎么看的?

_____

_____

_____

_____

你是否能够想象未来你的性别认同或表达会发生某些改变？如果能，请写出具体的改变。在每种改变后面，说明你期望你的种族和民族中的人们如何回应这些改变：

_____

_____

_____

_____

你的种族和民族的价值观与你自己在性别方面的价值观有何相似之处？有何不同之处？你如何平衡这些不同？

_____

_____

_____

_____

你的性别认同和性别表达如何影响你在种族群体和民族群体中的归属感？

_____
_____
_____
_____
_____

在理想的情况下，每个人的身份都可以被他人接受，不管属于什么性别、种族和民族，不管在什么环境中，不管在哪儿。然而，许多种族和民族对于性别和性的理解可能都与我们自己的理解不相同。因此，为了平衡其性别认同（比如跨性别者或性别酷儿）和种族或民族认同（比如黑人、拉丁裔美国人、亚洲人等），一个人可能会面临一些选择。比如，贾伊可能非常肯定，作为性别酷儿，如果完全做自己，就会遭到父亲的教众中的非裔美国人的排斥，因此，贾伊在参加教堂活动时会特意改变自己的穿着。埃迪的父亲所接受的澳大利亚文化信仰认为，所有男人都应该有男子气概，因此埃迪可能会觉得，在父亲身边时他应该继续以更加男性化的方式穿衣打扮。贾伊和埃迪可能都会选择在特定的群体中，以不同的方式穿着或不与他人谈论自己的性别认同；他们也会找到其他场合和群体，身在其中，他们的穿着可以全面地表达他们的性别，同时感到安全，得到支持。在不同场合选择开放或保守程度不同的性别表达是可取的，我们每个人都会向不同的人展现自身的不同方面。

然而，要单独找到身份认同和所属群体之间的平衡可能是非常困难的。我们建议你尝试寻找其他曾面临或正在面临类似抉择的人，你可以吸纳他们的经验或者和他们可以一起做选择。寻找支持者有许多方式，刚开始可以从网上找。你可以搜索网络群体、书籍、博客、视频和其他资源。其他人的经历不仅可以为你提供建议，让你发现可以帮助你平衡身份认同多个方面的方式，还可以帮助你意识到你不是孤独的。

根据你的身份认同，你也许需要或不需要花更多时间阅读下面的内容。有时虽然某一部分内容对你来说不是特别重要，但是阅读完之后你仍然会大开眼界，也许会在某一个你过去很少注意的方面有一些新发现，也许会更好地理解生活中的其他人。尽管如此，我们也说过，想阅读本书的哪些内容完全由你自己决定。

宗教

对于我们之中的一些人来说，宗教认同是身份认同的一个重要方面。其他人就算没有信仰过某个具体的宗教，也会特别重视或相信生活中的某些东西。我们的宗教信仰和价值观也许符合我们的性别认同和性别表达，也许不符合。比如，有些宗教支持性别二分法，赞扬男性化的男人和女性化的女人。这些宗教也许会告诫人们不符合性别二分法的人都是有罪的，甚至是有病的，导致有些不符合性别二分法的人认为自己需要在宗教和性别之间做选择。幸运的是，不管信仰什么宗教，大多数人都找到了让自己的信仰和性别相适应的方式，即使刚开始会遇到一些困难。还有一些人的信仰和价值观虽然并不会与其性别发生冲突，但是仍然会影响他们对性别的理解和对性别表达的选择。

试试看：宗教

在性别方面，你是否受到过某个宗教或信仰体系的影响？具体内容是什么？

_____

_____

_____

_____

将以上内容与你自己目前对性别的理解相比较,两者有何相似之处?有何不同?

_____
_____
_____
_____
_____

价值观对于我们来说非常重要。许多人的价值观是与他们信仰的宗教相联系的,其他人则的价值观则更为独立。看看下面的价值观列表,圈出 5-10 个对你来说最重要的价值观。

- 充裕:拥有的比需要的多
- 成就:取得了不起的成绩
- 情感:表达爱意和温暖
- 美丽:注重有美感的东西
- 平静:安静、平和
- 谨慎:万事小心
- 挑战:做得更多、更好
- 团体:加入一个由与你有共同点的人组成的群体并成为

其中一员

- 同情：表达善意
- 满足：内心平静，接受已经拥有的东西
- 勇气：勇敢
- 创意：想象力
- 好奇：渴望知道更多
- 自律：能够较好地控制自己以实现目标
- 兴奋：快乐地享受
- 表达：传达想法和感受
- 信念：相信自己的信仰
- 名誉：非常知名
- 家庭：重视你的亲人
- 自由：能够按照自己的意愿做选择和行动
- 朋友：与你在意的人相处
- 享乐：享受快乐
- 慷慨：愿意与他人分享
- 真诚：真实并诚恳
- 成长：变得更好
- 幸福：满足、充满乐趣
- 健康：身体状况和精神状况良好

- 诚实：说真话
- 勤勉：完成分内事、勤于制作或创作
- 正义和公平：平等，没有偏见
- 知识和学习：在学校或校外继续获得信息和智力发展
- 爱：给予爱和被爱
- 忠诚：忠于他人
- 精通：高级技能
- 和平：没有冲突
- 务实：注重事实
- 认可：被承认、被欣赏
- 放松：休息
- 尊重：尊重自己和他人，被他人尊重
- 浪漫：表达与爱有关的兴奋感
- 安全：被保护免受情感或身体上的伤害
- 节俭：小心使用钱和资产
- 在此添加未列出的个人价值观：_____
- 在此添加未列出的个人价值观：_____

你圈出的价值观与你的宗教信仰、身份认同和实践经验有何联系？

_____

你圈出的价值观与你的性别认同和性别表达有何联系？

在某些方面，你的价值观是否可以帮助你将你的宗教认同与性别认同和性别表达联系起来？你的宗教或性别是否在某些方面仍与你的价值观相矛盾？

对于一些人来说，找到平衡宗教和性别的方式是需要一些时间的，而与他人交流使宗教和性别相适应的方式则会对此有所帮助。

使宗教和性别相适应有多种方式，包括坚持你的信仰，同时改变做礼拜的地点；留在你所在的宗教群体中，同时坚守一些与周围其他人不同的信仰；传播相关知识，帮助你所在的宗教群体中的其他人理解不同的性别认同和体验；坚持你的价值观，同时改变你的宗教实践或性别表达以体现这些价值观。最后，不管得到怎样的结果，你都要学着接受，我们说过，你可能需要一些时间来找到适合自己的方式。慢慢来，不要停止寻找可以让你的信仰与认同和平共处的平衡点。

社会经济地位

社会经济地位作为身份认同的一个方面，也影响着一个人的性别探索过程和对性别的理解。再次说明，不具有经济优势的人（没有很多钱的人），可能会花更多时间来思考自己的经济地位，以及经济地位与其性别认同或性别表达之间的联系。青少年尤其会因为某些原因面临一些经济难题，比如工作收入不够，或没有家庭支持。在性别方面，经济难题会阻碍你在性别认同上咨询治疗师，阻碍你接受医疗干预以改变性别表达，阻碍你离开不支持你的家庭独立生活，阻碍你花钱修改依法登记的姓名，还会阻碍你花钱购买符合你的性别认同的服装。

一些人在社会经济地位上占优势，他们的选择似乎较少受到金钱的影响。然而，即使是享有较高经济优势的人，也可能会面临经济压力和与性别相关的压力。比如，来自富裕家庭的人可能面临他人的期望，被要求优先选择与他们现有的优质生活相符的职业，任何威胁到这类职业的因素——包括违背性别二分法的性别认同，都不会被赞成。

所以再次说明，我们每个人都受到了身份认同多个方面相互作用的影响。下面我们来看看你的社会经济地位是如何影响你的性别认同和性别表达的。

试试看：社会经济地位

你是否因为社会经济地位而面临一些与性别相关的压力？

_____

_____

_____

是否有一些性别探索的环节需要花钱？

_____

_____

_____

有时，我们急切地想要得到一样东西，却因为经济困难不能立刻如愿。在你的需求十分迫切时，这样的困境实在让人难以忍受。**如果你遇到了这种情况，我们建议你制定一个计划，思考怎样在未来得到自己想要的东西。**

如果现在的你还支付不起你想要的一切，那么在你的所有需求中，哪些东西是最重要的或最急迫的？

_____

_____

_____

在下面的横线上写出你将如何为获得你想要的东西储备资金。关于挣钱和存钱的想法：

_____

_____

_____

_____

根据挣钱速度和预算的不同，你朝目标努力的时间长短也会不同。同时，在你急切地想要继续性别之旅时，请记住，不管你有怎样的社会经济地位，许多你可以做的事都不会花太多钱。

花些时间想想，在预算范围内，你可以通过哪些方式一步步实现做真实的自己。

示例：借一位朋友的衣服，和这位朋友一起出去；了解不同的保险选择，看看在未来的不同职业中你能受益于哪些险别；下次需要时，购买更多男用或女用除臭剂；换发型；与陌生人交流你的性别；在餐馆点餐时使用不同的名字；像男（女）孩一样跳舞，等等。

你能想到哪些方式？

_____
_____
_____
_____

其他认同因素

到现在为止，我们只详细介绍了几种认同因素，当然没有涵盖所有重要因素。你认为是否还有其他身份认同因素会影响你的性别认同或性别表达？（比如你的年龄或你的能力）

_____
_____
_____

针对你列出的每个因素，请说明它们如何影响你的性别认同和性别表达：

小结

　　显然，我们的身份认同是非常复杂的。因为我们的身份认同会随着时间变化和发展，所以我们还需要不断地探索在不同地方、不同时间和不同背景下怎样才能做真实的自己。因此，虽然你已经读完了本章（为你鼓掌！），但是不要认为性别探索的乐趣就到此为止了！你要准备好用这一生来探索你的认同。最重要的是，你知道了身份认同的每个方面都不是单独起作用的，它们是互相关联的，这意味着你比多数人都更加了解身份认同，可以开始以富有洞察力的方式探索你自己的身份认同。享受你的探索之旅吧！

Chapter 8
第 8 章

应对难题

多数人每天都会面对一定的压力，不仅要完成学习或工作上的事情，还要处理与朋友和家人之间的关系，以及其他生活琐事。有时候生活就像杂耍，每一份责任都是一个被抛到空中的球，当球的数量在你的抛接能力之内时，你面对的就是一项有趣的挑战；一旦多出一个球，生活就会让你不堪重负。

可以说，性别会抛给你许多个额外的球！

在本章，我们将具体谈谈人们所面对的一些有关性别认同和性别表达的难题，并介绍一些解决难题的方法，帮助你从容应对未来会遇到的所有压力。

跳出"舒适区"的压力

你的性别探索进展到哪个阶段了？你是否发现自己遇到了意料之外的情况？是否获得了不同的体验，产生了不同的想法和感受？虽然你的新发现可能是令人兴奋的，但是诚实地说，探索过程也可能让你承受沉重的压力。

进行性别探索意味着跳出"舒适区"。你的"舒适区"由你习以为常的事物（包括经历、人、地点、想法和感受）构成，它让你安心——好比穿着睡衣躺在床上。如果你在读这本书，那就说明你已经有勇气从被子里钻出来，探索外面在发生什么。祝贺你，这意味着你的生活会更加有趣，而且相比一生都穿着睡衣躺在床上，钻出来会让你变得更有智慧。

另一方面，跳出"舒适区"自然意味着你会有一些不舒适的经历。关于自身的性别，你可能会发现一些新的想法和感受。其中许多想法可能是你可以轻松接受的，而出现让人有压力的想法也是正常的。在探索性别的过程中，人们可能会产生如下让他们有压力的想法：

- 这太令人困惑了！
- 为什么别人不能理解呢？
- 我真的能穿那种衣服吗？
- 我讨厌我的身体。

- 要是我永远都不能做真正的自己怎么办?
- 我希望有一个能告诉我我是什么性别的测试。
- 这意味着我是不正常的吗?
- 我希望世上不存在性别这个概念。
- 如果告诉人们我的感受将会发生什么?
- 为什么我是这样的?
- 这意味着我要放弃打棒球吗?
- 这意味着我要停止喜欢粉色吗?
- 我希望我是正常的……不管正常意味着什么。

开始探索性别时,人们会感到兴奋、解脱,会产生乐观的情绪和渴望,同时也会体验到痛苦的感觉。在探索性别的过程中,人们会体验到如下痛苦感觉:

- 害怕、紧张
- 不知所措
- 羞愧
- 生气
- 绝望
- 不安全感
- 嫉妒、怨恨
- 孤独
- 不满、烦躁

- 悲伤
- 自卑
- 抑郁

试试看：想法和感受

要应对让人难以忍受或让人有压力的想法和感受，办法之一是注意想法与感受之间的差异。

想法是脑海中出现的你几乎可以听到的话。我们都能听到这种内在的声音，这是大脑在思考。头脑中的想法可能对我们有帮助，也可能对我们无益。

下面是许多人都会有的一些想法：

- 我永远都弄不明白。
- 没有人会爱我。
- 我等不及要完成性别转变了。
- 这太棒了！
- 我终于要做自己了。

感受是我们体验到的情感和情绪。不同感受的有不同的表现形式，你也许已经注意到：我们悲伤时胸口好像压着东西，生气时会感到身体发热，激动时可能会笑出来或感觉到胃部的不适。悲伤会让人流泪或大哭，紧张和害怕会让人心跳加速，生气会让人攥紧拳头或肌肉紧绷。总之，我们的身体反应和我们的感受是密切相关的。

下面是一些几乎人人都会体验到的感受：

- 生气
- 开心
- 悲伤
- 自信
- 焦虑
- 成功
- 沮丧
- 高兴
- 不耐烦
- 骄傲
- 烦躁
- 兴奋

因此，想法和感受是不同却又相关的，一般情况下，我们的想法会引发我们的感受。

比如，"学校里的人看到我穿那种衣服，肯定都会笑话我的"这个想法会让你害怕、羞愧甚至生气。

"嘿，我穿这套衣服简直美呆了！"这个想法则伴随兴奋、骄傲和快乐的感受。

回想你在性别探索期间体验到的想法和感受。因为本章的主题是"应对难题",所以我们重点关注让人有压力的想法和感受。在下面写出你体验过的所有让你有压力的想法和感受,然后用直线将各个想法与想法所引发的感受连起来。

想法	感受

狡猾的大脑

你可能注意到，自己的想法和感受是会随着时间改变的。你可能曾体验过前面提到的某些想法和感受，现在它们是不是不像当时那样强烈了？圈出现在对你来说没有过去那么让人有压力的想法和感受。

如果所有想法随着时间的流逝依然让我们倍感压力，那么我们可能会被压垮，幸好想法和感受是会变的。问题在于，我们能改变自己的想法和感受，或者以不同的方式理解这些想法和感受以减轻自己的压力吗？

我们能。接下来，我们要探讨更先进的问题解决方式——不借助任何手术、药物或学术方案，改变和理解我们的大脑。听起来似乎是有史以来最有力的方法！我们认为你应该掌握一些秘诀以对付狡猾的大脑，并希望你能一直运用这些可以改变大脑的能力。

以下信息可以帮助你应对自己的想法和感受：

- 大脑的体验通常不是完全准确的。我们的大脑非常善于处理信息，对信息进行归类，并判断事物是好是坏、安全还是危险、好吃还是难吃。然而实际上，大脑的许多判断和归类都是不符合事实的。以球芽甘蓝为例，你把球芽甘蓝放进嘴里，你的大脑针对无辜的球芽甘蓝会产生各种各样的想法和感受。本书的一位作者非常爱吃球芽甘蓝，吃的时候，他会想"不错、好吃、美味"，与此同时，他会感到开心和满足。同样是这位作者，当他只有 10 岁的时候，他的大脑对球芽甘蓝的反应是"呸！好恶心！太可怕了！"世界上存在球芽甘蓝这种东西让他感到不舒服、难过和生气。

- 虽然想法和感觉并不一定是事实，但是我们的大脑告诉我们它们就是事实，而且我们通常都会相信我们的大脑。比如，上面提到的作者在 10 岁时就相信球芽甘蓝是令人作呕的蔬菜。他当时相信这是个不容争辩的事实，而且认为想法与他不同的人都是错误的。

- 某些类型的想法和感受不仅不准确，还会给我们带来麻烦。虽然我们不能质疑和评估每一个想法的准确性，但是我们可以了解一些常见的会引发麻烦的想法类型。下面是一些例子：

　　一概而论或全盘否定。类似想法中往往包含"所有人""没有人""总是""从来都不"等表达。如果你的脑海中出现了"所有人都会嘲笑我"或者"事情总是不顺我意"等想法，请注意，它们通常是不准确而且对你无益的。

　　预言。是指大脑对未来情况的猜测。如果你的脑海中出现了"我永远都不能拥有自己想要的身体"或"大学里的情况会非常艰辛"等想法，请再次注意，它们通常是不准确而且对你无益的。

读心。是指大脑告诉你他人的想法。如果你的大脑告诉你"他们认为我看起来很滑稽"或"她讨厌我",这时你知道要注意了。

贴标签。是指大脑为一种情形或一个人(包括你自己)贴标签的情况。比如:"我是个傻瓜""我太愚蠢了"。请注意,这些可能不准确,也对你无益。

应该和必须。指大脑告诉你你"应该"或"必须"做某事的情况。对于这类想法,你仍然有必要思考其准确性和有效性。"我骑自行车时应该头盔"是一个对你有帮助的想法,"我本不应该告诉她"或者"我必须马上注射荷尔蒙"就值得斟酌了。

- 写下或说出你的想法,并评估这些想法是否准确,是否对你有帮助,这样做可以减轻这些想法施加给你的压力。你也许会发现,在质疑自己的想法的过程中,你所相信的东西和你的感受都发生了变化。或者你会发现,虽然你原来的想法依然存在,但是因为你已经知道它们并不完全准确,或者对你并无益处,所以你能主动地减少类似想法对你的影响。

试试看:改变想法

回顾你在上一练习中列出的让你有压力的想法。首先,你有过哪些常见的不符合事实的想法？

_____

_____

_____

_____

_____

　　思考怎么能使这些想法更准确，对你更有帮助。许多时候，无益的想法可以转换成有建设性的想法，或者至少能帮助我们应付局面。比如，"如果学校的人看到我穿那种衣服，所有人都会笑我的"可以变成"虽然有些人可能会笑我，但是我知道我的朋友们不会。他们会支持我"。

　　在下面的表格里试一试：

无益的想法	尝试改变你的想法
如果我告诉妈妈我是跨性别者，她会完全崩溃的。	我妈妈的第一反应可能是沉默，然后告诉我我正在经历一个阶段，想让我去看心理医生。但是她不会把我赶出家门，也不会不跟我说话。虽然她一开始或许会生气，但这并不意味着她不会慢慢调整。

无益的想法	尝试改变你的想法

你是否感觉到自己的想法在改变？这种改变是困难的还是容易的？

当你准备进一步聆听自己的想法、验证它们的准确性时，你也许会想要回顾本节的内容。像任何新技能一样，掌握改变想法的技能也需要练习。我们强烈建议你写下你的想法，将大脑的思考方式呈现在纸上。如果你能一天做一次练习，或者一周做一次练习，那么渐渐地，你就能更轻松娴熟地改变大脑的想法了。

性别小众压力

如前所述,几乎所有人都会在常规生活中体会到足够多的压力,而那些(因为种族、阶级、能力水平、性别或其他因素)承受污名和偏见的群体,还要额外应对一种"小众压力"。当一些人因为属于少数群体而遭受欺侮、歧视、暴力、伤害或排斥时,小众压力就产生了。虽然并不是少数群体中的每个人都会经历上述事件,但是仅仅只是想到这些事情可能发生就会让人倍感压力。

当他人对待我们的方式与我们的性别认同不匹配时,小众压力也会产生。比如,你知道自己是"她",人们却用"他"来称呼你,当你换了一个更符合自身性别认同的名字后,人们依然用你出生后登记的姓名称呼你,或者不按你的性别认同对待你,这些情况都会让你产生不可忽视的压力感!和其他小众压力源一样,这些"小事情"会使我们的痛苦感不断积累,对我们造成负面影响。

试试看:小众压力

你是否听说过有人因为种族、阶级、能力水平或性别而遭到歧视、迫害或排斥?比如某些人曾是暴力或欺侮事件的受害者,其他人不想跟他们做朋友,或者在电视节目或电影中看到一些人被他人取笑。

写下你能想到的所有例子。

_____

_____

_____

_____

挑出一个让你印象最深刻的例子，写出你在当时的想法和感受。

_____

_____

_____

_____

通过回答上面的问题，你也许明白了即使我们没有直接经历某些事件，少数群体承受的压力依然会对我们产生影响。

性别小众压力导致的后果

可想而知，如果你直接体验过以上任意一种为少数群体带来压力的事件，你受到的影响就会更加严重。当人们回想起身受小众压力的情形时，通常会出现让他们压力倍增的想法和感受。

常见的对小众压力的反应有三种：

- **内在化跨性别恐惧**

  不管我们是否愿意，生活环境中那些带有成见和偏见的图片及文字信息都对我们的观念产生了潜移默化的影响。女人用成见和偏见看待女人，男人用成见和偏见看待男人，跨性别者和性别广泛者用成见和偏见看待跨性别者和性别广泛者。这些模式化的观念和偏见不仅对我们看待他人的方式产生负面影响，还会对我们看待自己的方式产生负面影响。当我们"内在化"（或者相信）"跨性别恐惧"，相信"跨性别者是疯狂的，男性化的女人是丑陋的"或者"女性化的男人是低级的"的时候，我们会觉得自己是疯狂的、丑陋的或低级的。可想而知，这些想法不利于你的自尊。

- **对未来的消极期待**

  毫无疑问，一个人只要曾经遭受过伤害、欺侮、排斥或暴力，他（她）就会担心这些事情会再次发生。即使只是听说某个与你性别认同相同的人经历了这些事，你也会担心同样的事会发生在自己身上。消极期待有多种表现，下面是一些例子：

因为害怕被取笑，所以不向陌生人介绍自己
因为害怕遭到歧视，所以不参加面试
因为害怕被排斥，所以不向家人或朋友公开自己的性别认同

当整个世界似乎都充满敌意时，你就很难确定什么时候出柜可能有危险或可能让你遭到排斥，什么时候可以公开自己的性别认同。

- "深柜"

有些人认为他们很难找到一个安全的出柜环境，于是选择不向他人透露或展现完整的优秀的自己。比如，他们选择继续穿不适合自己的衣服，保留不符合自身性别认同的名字和人称代词，不让某些人发现他们对自身性别的真实感受。这些决定并不是错误的，有时保证自身安全是有必要的甚至是明智的。尽管如此，事实表明，用这些方式隐藏真实的自己会给我们带来许多压力。

压力迹象

如果放任以上小众压力源积少成多，任其影响我们对自我的认

识，我们就会承受严重的后果。结果是，来自被曲解的少数群体——包括民族、种族、经济和性别范畴内的少数群体中的人，往往更容易患上威胁精神健康和身体健康的疾病。

在精神健康方面，承受小众压力的人更容易患抑郁症或焦虑症，一些人甚至会有自杀的念头。不仅如此，长期存在的压力还会影响一个人的身体健康。

试试看：压力测试

你是否发现了自己身上的压力迹象？

根据你在过去一个月中的经历，选择"是"或"否"：

是	否	
☐	☐	心情低落或抑郁
☐	☐	易哭
☐	☐	不堪重负
☐	☐	经常胃痛或头痛
☐	☐	没有食欲或过量饮食
☐	☐	难以入睡或过度睡眠
☐	☐	焦虑或紧张

是	否	
☐	☐	感觉心跳急促或呼吸困难
☐	☐	过度饮酒或过量服用其他药物
☐	☐	不想活了

如果你选择的都是"否",那就太好了!

如果有一部分"是",那说明了什么?如果"是"占多数呢?不管结果如何,都要恭喜你有勇气实事求是地做选择,毕竟,了解压力如何制造伤害的过程并不轻松。首先,你要知道你并不孤独。事实上,如果不是很多人都跟你情况类似,我们也不会用一整章内容来讲述如何应对这些难题。虽然我们的故事都是独一无二的,但是我们都会面对令我们不知所措的压力。要妥善应对所有压力并不容易,我们将在下面分享一些曾帮助过我们的方法,希望也能对你有所帮助。

应对压力

好消息是我们有办法缓解压力,降低其影响力。我们都有自己的应对压力的办法,相同的办法用在不同的人身上会有不同的效果。可以尝试的办法有很多,我们只选择对自己有用的。比如,我们的一位朋友表示，在她感到焦虑或担忧时，刷牙能帮助她冷静下来！

许多人把应对压力的方式称为"应对技巧"（coping skills），既有积极的应对技巧，也有消极的应对技巧。

积极的应对技巧可以使我们在不伤害身体、生命或人际关系的同时缓解压力。听音乐或唱歌、画画、观看喜欢的电影、烘焙、与朋友谈心、与宠物待在一起都是积极的应对技巧。

消极的应对技巧会使一个人得到暂时的放松，却不能解决长期的问题。消极的应对技巧通常会令人感觉更糟糕，破坏一个人的健康状况或人际关系。此类技巧包括服用药物、暴饮暴食、欺负弱小、暴力毁坏公物或伤害自己的身体。

你喜欢使用哪些积极的应对技巧？

_____

_____

_____

关于应对技巧，你还要了解一点：不同的技巧适用于不同的情绪和情况。对于许多人来说，当他们感到受伤或困惑时，与他们信任的人分享内心的感受是非常有帮助的。同样是这些人，也可能在真正悲伤时，不愿意跟任何人说话，只想独处，这些时候对他们有帮助的技巧可能是听音乐或写日记。另一方面，如果他们正在生气，那么他们也许会发现运动比其他任何办法都有用。

因此,为了掌握应对压力的技巧,你必须(1)弄清楚你感受到的是哪一种情绪,(2)然后针对性地采用你的最佳应对策略。

弄清楚自己的情绪

第1步:弄清楚自己的情绪。不管你相信与否,完成这一步是很有难度的。通常,我们在同一时间会体验到不止一种感受,而在所有感受中,我们只会考虑最强烈的那一种。因此,我们需要练习。你可以尽可能多地练习(我们建议你每日写一篇签到日记),以便准确地判断你的感受。

试试看:情绪日记

准备一个日记本,可以是纸质笔记本,也可以是手机备忘录。许多人都更愿意使用手机,方便随时随地做记录。关键在于,确保只有你能阅读日记里的信息。写日记有多种方式,最简单、最有效的方式是记录出现在你脑海中的所有想法。虽然许多想法都不是特别有意义,但是在记录你的"意识流"时,最重要的就是记下出现在你脑海中的每一个想法。写日记可以帮助我们认识自己的想法和感受，这似乎意味着你的日记应该简明清晰，然而事实上，你的日记内容越详细，你就越能意识到大脑的复杂性。想法和情绪有时候一闪即逝，如果注意力不集中，我们就会错过。通过写日记，我们可以放慢速度，发现一些非常有趣的想法。

从写 5 分钟的日记开始。如果你还没有决定写日记，没关系，只需拿出几张纸和一只笔。准备好，开始写……

5 分钟到了吗？没有？！好吧，那继续写吧！你甚至可以写"我不知道还要写什么"。写下你脑中的任何一个想法。

现在浏览下一页的插图。在写日记的 5 分钟内，你体验到了几种情绪？这些情绪之中是否还夹杂了其他情绪？圈出你体验到的所有情绪。

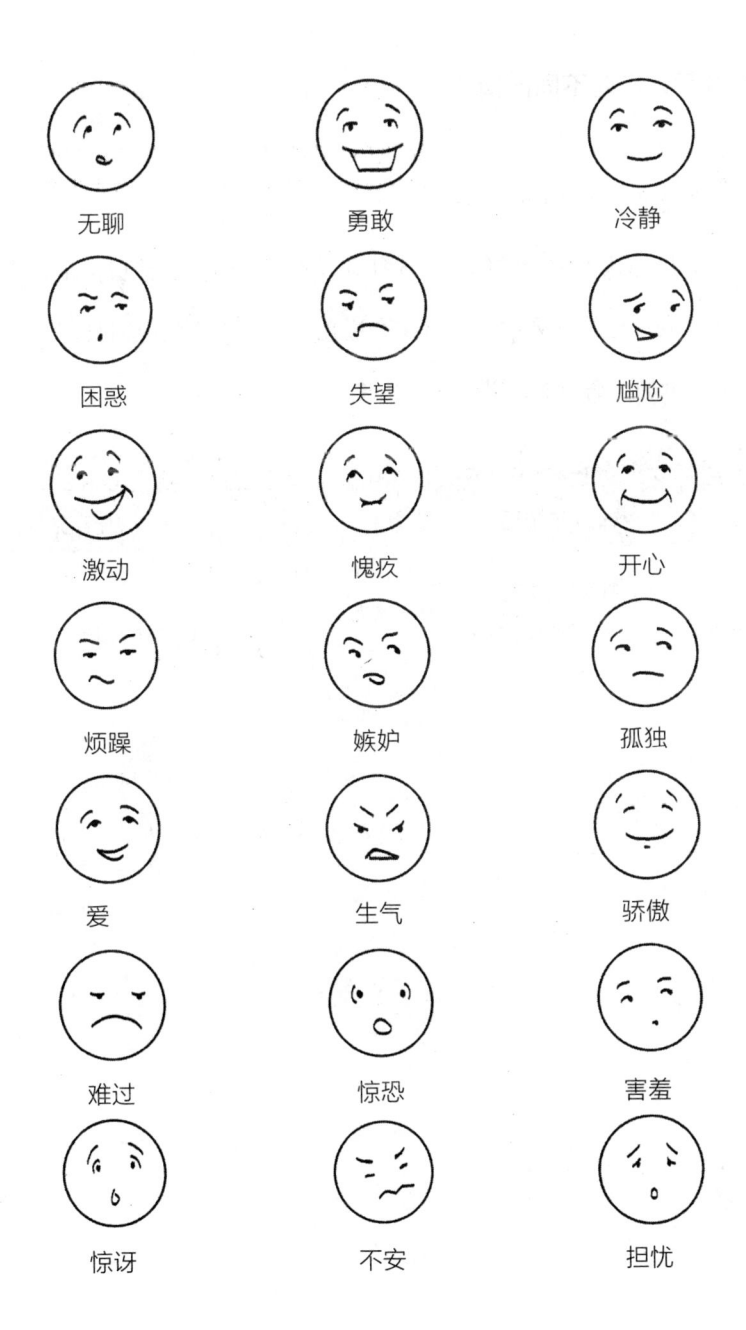

Dealing With the Hard Stuff • 第八章 应对难题 • 193

无聊	勇敢	冷静
困惑	失望	尴尬
激动	愧疚	开心
烦躁	嫉妒	孤独
爱	生气	骄傲
难过	惊恐	害羞
惊讶	不安	担忧

试试看：应对不同的情绪

第 2 步：发挥你的创造力。

选出你认为你最常体验的 5 种难以忍受的情绪或消极情绪，填写在下表左起第一列中，然后在旁边几列中写出你的应对技巧——包括积极的、消极的，以及你会尝试的新技巧。

情绪	对我有用的积极应对技巧	我使用过的消极应对技巧	我会尝试的积极应对技巧
悲伤	听音乐、写日记、哭、看有趣的网络视频	暴饮暴食、与世隔绝（两种方式都是暂时有用，慢慢地，似乎使我的状态变得更糟糕了）	聊天、画画

感受到强烈的情绪时，这样的表格可以为我们提供便利。大多数人在感受到强烈情绪时，很容易忽视可以尝试的积极应对技巧；有时我们似乎很难抗拒习惯性地使用消极应对技巧。

找一张空白的索引卡，或者其他纸张，要求质地结实并且能放在钱包里。（如果没有索引卡，可以把美术纸裁成索引卡的尺寸。）在纸张上画出表格，列举你的积极应对技巧，不管你在哪里，这个列表都能起到提醒的所用。完成列表后，装饰你的卡片，你可以用任何涂鸦、贴纸和拼贴画，只要它们能激发出坚强、满怀希望、迅速振作的你！

什么时候需要更多帮助？

所有人都有可能陷入困境。人的一生很长，在某些时期，一切都很美好——阳光明媚，事事顺心，我们感觉轻松快活；而在看似永远不会终结的困难时期，事事不顺心，天空看起来总是灰色的。有时候，许多问题一时间全部涌上来，即便使用应对技巧也难以招架。

如果出现下面这些情况，那就说明你需要更多帮助：

- 你感到绝望。
- 你大多时候感到烦躁或想哭。
- 你不想继续活下去。

- 你想离开或逃离你的生活。
- 你开始自残。
- 你睡不着觉或想一睡不醒。
- 你开始逃学或翘班。
- 你不再做曾经喜欢做的事。
- 你使用了一些可能会造成危险后果的应对技巧,如:过量服用药物、过度饮酒、疯狂做爱、暴饮暴食(或绝食)。

如果出现了以上任意一种情况,而且你的积极应对技巧不再起作用,那么是时候向外界求助了。

我能从哪儿获得帮助?

如果你正在阅读这本书,那么你可能是想从中得到帮助,用恰当的方式应对你对性别的担忧以及你的其他需求。

获得帮助的方式有许多种,最常见的方式包括:寻找由与你有类似经历的人组成的网络群体,寻找由与你有类似经历的人组成的线下支持性组织,求助于治疗师或咨询师。

组织支持

事实证明,作为人类,被他人理解是我们的核心需求之一。通常,与我们有类似经历的人们更容易理解我们的想法和感受。你可以在支持论坛和支持组织中找到这样的人，最简单的寻找方式是在网上查询你所在的地区是否有支持组织。然而不是所有组织都是对你有帮助的，你必须找到一个适合你的。加入之前，你通常可以联系组织里的负责人，与他们进行交流，分析该组织是否适合你。

每个人都会因为加入一个新的组织而紧张，只要能通过尝试找到一个适合你的支持群体，你最初付出的勇气就是值得的。因此记住，感觉紧张时，你可以使用任何对你有用的应对技巧，鼓励自己继续寻找支持群体——不管是网络组织还是线下组织。

治疗师

找到一名能帮助跨性别者和性别广泛者的治疗师可以很容易，也可以很困难，一切取决于你生活在哪里。开始时通常可以通过打听获取信息，你是否有朋友或家人认识在他们看来可以帮助你的治疗师？

知道一些治疗师的名字之后，你应该给他们打电话，在电话上跟他们交流。你可以问他们是否治疗过跨性别者和（或）性别酷儿，是否接触过你想了解的问题。如果他们的从业经验听起来比较符合你的经历，那么你们可以跟他们谈价钱。如果价钱合适，你可以跟他们预约时间。如果他们的从业经验听起来不适合你或者他们的要价对你来说太高，你可以请他们为你推荐所在区域的其他治疗师。

在最初的几次见面中，治疗师可能会问你许多问题以便了解你的经历，知道他们应该如何帮助你。你也可以借这个好时机对与治疗相关的问题多做了解。与某位治疗师约见过一次并不意味着之后你还要继续约见他（她），你可以根据最初几次会面来判断与他们交流带给你的感觉。如果是对你有帮助的，那么坚持！如果没有，你随时可以停止咨询。跟陌生人交谈时，一开始会有怪异甚至害怕的感觉，我们鼓励第一次与治疗师约见的人们尽量坚持到会面时间结束，即使这样做会让他们不适。

第一次打电话咨询治疗师时，你还可以询问对方你是否享有保密权。如果你未满18岁，你可能担心治疗师会把一些你不想让父母或监护人知道的信息告诉他们。因为治疗的重点是有一个可以进行私密对话的安全空间，所以治疗师通常会严格地将保密作为一种规则。如果违反了规则，他们甚至有可能丢掉执照。然而，也有一些例外情况，在这些情况下，治疗师需要违反保密规则以确保每个人的安全。

什么时候寻求紧急治疗

如果你摔断了骨头，你知道你应该去急诊室。然而许多人都不知道，当他们感到极度绝望或不安全时，也可以去急诊室。极度绝望或不安全是什么意思？如果你认为你极有可能严重伤害自己、他人或做出一些致命的事情，那么你需要拨打热线电话请求帮助，弄清楚自己应该做什么，应该去哪里；或者，直接去最近的医院，向那里的工作人员解释你的情况。

一些人担心他们的性别认同或性别表达会让他们在医院受到不好的待遇。如果你也有这样的顾虑，可以选择与你信任的人一起去。

小结

我们希望你在本章学到了更多的知识和技巧，帮助你继续进行性别探索。如果你养成了写日记的习惯，那么你记下的将不只是困难，你还会记录下很多美妙的体验，任何探索都是这样的。我们希望你记住，不只是我们这几位作者，还有许多人都会在你的旅程中支持你。

把最美好的祝福送给继续探索的你！

总结

我们希望这本指南让你掌握了更多的知识和技巧，从而可以进行一生的性别探索。在探索中，你不只会经历困难时期，还会收获大量美妙的经历，和其他任何有意义的探索一样。想想《星球大战》（*Star Wars*）中的卢克·天行者（Luke Skywalker），想想哈利·波特（Harry Potter），《饥饿游戏》（*The Hunger Games*）中的凯特尼斯·伊夫狄恩（Katniss Everdeen），想想任何你喜欢的男英雄或女英雄，他们在各自的探索过程中，都有过怀疑或绝望，也有过自信和胜利，他们从来不知道脚下道路最终会让他们走向何方，却依然一刻不停地前进。我们也要进行一生的探索之旅，走过自己生命中的起起伏伏，不知道最后会走向何方，偶尔回望时却会因为我们走过的路而惊喜自豪。我们希望你记住，我们就在你身边，我们很高兴有你同行！

后记

阿琳·列夫（Arlene Lev）

一个人的一生实际上就是一场探索，目标是定义、发现和创造一个独一无二的自我，这是一场反映我们内心体验的探索。生活在现代社会，我们在工作和事业、穿衣风格、兴趣甚至寻爱方面都要经历一个探索的过程。年长的人鼓励年轻人思考长大后想做什么，支持他们选择让自己舒适的着装，鞭策他们去探索戏剧、运动等课外兴趣，甚至警告他们认真选择约会对象。确实，我们期望青少年能够积极探索。

但是，对于多数专业人员来说，性别与其说是认同探索的一部分，倒不如说是一种生物事实。不断有年轻人发现自己是性别酷儿和泛性别者，并积极地选择适合自己的代词——他、她、他们。成年人通常会发现，他们正试图去理解一些几十年前不为众人所知的经历和概念。我成长于20世纪60年代和70年代，当时的小女孩在上六年级之前都不能穿裤子去学校，即使是在纽约最寒冷的冬日早晨也必须穿裙子。因此，看到今日的年轻人成功推动了多种性别可能性的发展，我感觉很神奇。几十年的女权主义运动和各个少数群体的民权斗争，男同性恋者、女同性恋者和双性恋者的解放运动，以及现在的跨性别者"爆发点"，都为性别革命搭建了平台。多亏了这些努力，性别探索才成为了青春期的一部分，成了一个人成长历程的一个正常的部分。

我们生活在一个美妙的新世纪，性别认同——包括性、性别表达和性取向与性别认同的重叠部分正在接受新一代梦想者的探索。和上一代人相比，现在的年轻人所受到的来自生物身体和社会道德的限制更少。像所有探索者一样，他们怀着年轻人特有的好奇心和勇气进入性别这个领域，而年轻人一直都是社会变革的先驱。

然而，冒险的背后也有恐惧。总有人限制、压制青少年，并试图给他们下定义，不断告诉青少年他们对自己的想法和感受一无所知，坚称他们不了解真实的自己，在这样的环境中，青少年要形成自己的认同是一件极具挑战性的事情。青少年努力寻找合适的语言来向年长者解释自身经历，而年长者却非常轻易且非常频繁地忽略他们的探索成果。大脑研究告诉我们，青少年的更多想法不是来自于大脑的认知部分，而是来自于情绪，具有极端、强烈并且易变的特点。不管有没有成年人的允许，青少年都会探索自己。无论身边的成年人是支持他们的探索还是试图否认他们的表达，他们都会得出自己对于自身性别的结论。成年人需要认真思考，如果想引导青少年，那么应该如何回应他们。我们不能给他们带路，只能跟着他们走或者从他们的路上走开。虽然临床医生尤其有压制和拒绝认同探索的立场，但是我们也可以成为青少年的坚定同盟，积极研究和认可各种性别表达，或者充当催生新型性别表达的助产员。

《性别探索之旅》帮助青少年专注于他们的探索——可以自己探索，也可以在成年人的指导下探索。这本书为他们提供了工具，帮助他们观察自己的想法和感受；也为他们提供了审视自身及自身体验的新方法；还为他们提供了语言，帮助表达他们的体验；提供了使用这种语言的技巧，帮助他们与生活中的成年人——父母、老师以及其他不理解他们的青少年沟通。《性别探索之旅》提到，在形成真实的性别认同的过程中，约会、恋爱关系和性关系都是复杂的。性别探索绘制了一张充满爱与支持、有趣且有教育意义的线路图，是少见的青少年喜欢做的家庭作业。

成年人——父母和专业人员自己也应该使用《性别探索之旅》这本书。我们不能在不理解青少年所面对的性别可能性、不知道这些可能性会如何鼓舞或打击他们的情况下盲目地教育他们。我们需要理解我们自己的性别探索，理解曾经被禁止的一些探索——一些过早流产、遭到嘲笑或受到惩罚的探索。我们需要这样做，以便不带任何偏见地理解并帮助青少年。我们需要意识到未得到治愈的痛苦，这样我们才能陪伴新一代的探索者，他们可以教给我们很多知识，使我们了解性别认同与性别表达的实质和影响力。

作者简介

赖兰·杰伊·特斯塔博士
Rylan Jay Testa, PhD

是罗德学院（Rhodes College）心理学系助理教授，LGBTQ循证应用研究中心研究员。作为一名临床心理学家，他的研究重心在于理解并防止自我毁灭行为和健康差异，跨性别者和非常规性别者是重要研究群体。他的工作受到了心理学领域以及跨性别者和非常规性别者群体的尊敬。

德博拉·库尔哈特博士
Deborah Coolhart, PhD

是一位执业婚姻与家庭治疗师，在雪城大学（Syracuse University）婚姻和家庭研究项目中任助理教授。库尔哈特的临床和学术工作重心，是研究跨性别者和他们的爱人所拥有的优势和所面临的挑战。她创办了一个由硕士生组成的临床团队，专门为跨性别者以及他们的伴侣和家人提供免费帮助，对于纽约的跨性别者群体来说是非常珍贵的服务。她在不同杂志和书刊上发表过多篇以跨性别者为中心的文章。

杰米·佩塔
Jayme Peta, MA, MS

已经为跨性别者和非常规性别者工作了15年，在纳罗帕大学（Naropa University）取得咨询心理学硕士学位，是帕洛阿尔托大学（Palo Alto University）临床心理学博士研究生。佩塔多次开展以与跨性别者一起工作为主题的训练课和讲习班，并在纳罗帕大学心理学系兼任讲师。佩塔目前在研究成年跨性别者的童年经历。

读者回函表

姓名：_____　　性别：_____　　年龄：_____

教育程度：_____　　所在城市：_____

E-mail：_____　　联系电话：_____

您所购买的书籍名称：《性别探索之旅》

您有几个孩子：____　孩子性别：____ ____　孩子年龄：____ ____

您在教育孩子的过程中遇到哪些问题：_____

针对"父母学校书系"，您希望我们重点关注哪些养育问题？希望我们出版哪类图书？
_____

您对我们的其他建议或意见：
_____

您可以填完后拍照发送至：
wipub_sh@126.com
或扫描二维码在手机上作答。

期待您的参与！

图书翻译者征集

为进一步提高我们引进版图书的译文质量，也为翻译爱好者搭建一个展示自己的舞台，现面向全国诚征外文书籍的翻译者。如果您对此感兴趣，也具备翻译外文书籍的能力，就请赶快联系我们吧！

您是否有过图书翻译的经验：
☐ 有（译作举例：_____）　☐ 没有

您擅长的语种：
☐ 英语　☐ 法语　☐ 日语　☐ 德语

您希望翻译的书籍类型：
☐ 文学　☐ 科幻　☐ 推理　☐ 心理　☐ 哲学
☐ 历史　☐ 人文社科　☐ 育儿

请将上述问题填写好，扫描或拍照后，发至 wipub_sh@126.com，同时请将您的应征简历添加至附件，简历中请着重说明您的外语水平。

更多好书资讯，敬请关注

万墨轩图书
用心做书 做好书 分享好书

父母学校书系

家庭教育最终要走向自我教育。我们希望通过出版国内外专家学者的关于家庭建设、婚姻经营、亲子教育方面的书籍，为父母读者们带来一些启发，并在一定程度上提供有益的指导，帮助父母们更好地进行自我教育。

《屏瘾——当屏幕绑架了孩子怎么办》

[美] 尼古拉斯·卡达拉斯 著　常润芳 译

作者是美国一流的戒瘾治疗专家，他在书中告诉我们：无处不在的发光屏幕科技是如何深深地影响着我们整整一代人的大脑的。焦虑、绝望和不稳定的情绪、小儿多动症甚至精神错乱，都与屏幕映像有关。对屏幕映像的过多观看，还会神经性地损伤人的大脑发育，这跟沉迷于可卡因的过程完全一样……尼古拉斯教授结合社会学、心理学，综合文化和经济等各方面因素，解读了正在全球蔓延的技术狂热症，探求了那些闪闪发光的新技术已经和将要对我们的孩子造成怎样的影响，并指出了戒除屏瘾的方法。

《孩子压力大怎么办——用正念缓解压力和坏情绪》

[美] 埃米·萨尔茨曼 著　蒋春平 译

如今的儿童和青少年，承受了来自家庭、学校及同龄人的重重压力。如何才能帮助孩子掌握压力管理的技能，提高自我调节的能力，让他们健康快乐地成长？本书详细介绍了为期8周的正念课程，将帮助青少年改善自己的身体、精神及情感状态，迎接生活的挑战。

《孩子挑食怎么办——五步克服挑食、厌食和进食障碍》

[美] 卡特娅·罗尼尔·珍妮·麦格洛思林 著　贺赛男 译

许多关于孩子挑食方面的书都指出了孩子挑食的原因，但大多缺少实际的指导。本书提出的STEPS+法在全美推广后，得到了广大父母的一致认可。该方法将帮助孩子自主地做出改变，一步步克服挑食、厌食和饮食障碍，享受美食。

《火孩子 水孩子——儿童多动症的五种类型及帮助孩子提高自尊与注意力的方法》

[美] 斯蒂芬·斯科特·考恩 著　刘洋 译

每个孩子的天性都是与生俱来的，很多注意力不集中的孩子并不是患有多动症，而只是没有给他们适合的注意力训练。本书将孩子们分为"金木水火土"五类，充分考虑了每个孩子独特注意力的方式，指出缓解造成其多动症状态的方法。

《性别探索之旅——年轻人的性别认同探索指南》

[美] 赖兰·杰伊·特斯塔 德博拉·库尔哈特 杰米·佩塔 著　马茜 译

欢迎加入这场探索之旅。你会发现，为了弄清楚是什么使你成了"你"，有很多东西需要探索！比如，哪些与性别有关的因素使你成了现在的你；哪些性别之外的因素决定了你的性格、兴趣和自我……本书适合年轻人自己阅读，也适合青少年的父母阅读学习。